分析化学实验

刘　霞　主编

科 学 出 版 社

北　京

内 容 简 介

本书主要包括绪论，化学实验的基本知识，滴定分析实验常用仪器及基本操作，基本实验以及综合、设计实验等内容。本书将理论与实验密切结合，并对实验理论阐释透彻。根据教学大纲要求可分别做必做或选做实验。书后有附录，包括分析化学实验中常用的数据。

本书可作为高等农林院校各专业本科生的分析化学实验教材，也可供相关科研和技术人员学习、参考。

图书在版编目（CIP）数据

分析化学实验 / 刘霞主编. —北京：科学出版社，2016.3

ISBN 978-7-03-047896-2

Ⅰ. ①分…　Ⅱ. ①刘…　Ⅲ. ①分析化学–化学实验–高等学校–教材　Ⅳ. ①O652.1

中国版本图书馆 CIP 数据核字（2016）第 058381 号

责任编辑：赵晓霞 / 责任校对：韩　杨

责任印制：赵　博 / 封面设计：迷底书装

科学出版社 出版

北京东黄城根北街 16 号

邮政编码：100717

http：//www.sciencep.com

文林印刷厂 印刷

科学出版社发行　各地新华书店经销

*

2016 年 3 月第　一　版　开本：720×1000　1/16

2016 年11月第三次印刷　印张：6 3/4

字数：140 000

定价：25.00 元

（如有印装质量问题，我社负责调换）

《分析化学实验》编写委员会

主　编　刘　霞

编　委（按姓名汉语拼音排序）

刘　霞　彭庆蓉　饶震红　舒展霞

张　莉　张春荣

前言

分析化学实验是高等农林院校各专业本科生必修的一门重要基础课程。按照2015年3月科学出版社发布的“全国高等院校精品课程配套教材编写规划”立项通知要求，将《分析化学实验》作为“实验教学示范中心配套教材”进行了申报并得到了获批。

根据新制定的培养计划和新修订的教学大纲，编者总结多年的实验教学经验基础上，按照以能力培养为核心的分层次的实验教学体系，编写了本书。本书作为实验教学示范中心配套教材，在内容上力求简明扼要，条理清晰，逻辑性强，着重强调对学生的基本操作、基本技能及创新能力的培养。本书注重与实际应用密切联系，融入学科前沿和教学改革成果，力争做到内容创新、体系创新、理念创新。本书包括五部分内容：绪论，化学实验的基本知识，滴定分析实验常用仪器及基本操作，基本实验以及综合、设计实验。本书共计24个实验，其中 7 个为综合、设计实验，通过该实验培养学生创新思维能力和基本的科研能力，拓宽视野。

本书由刘霞担任主编。参加本书编写的有刘霞（第1章、第4章的实验1～4，第4章的实验7、实验10、实验14，实验15，第5章的实验18～24），张春荣（第2章、第3章），彭庆蓉（第4章的实验5、6），张莉（第4章的实验8、9），舒展霞（第4章的实验10～12），饶震红（第4章的实验13、16、17）。全书由刘霞统稿。

在本书的编写过程中，得到了科学出版社的大力支持和帮助，在此表示衷心的感谢。

编写本书时参阅和引用了大量的文献，在此一并对文献作者表示诚挚的感谢。

由于编写时间仓促，编者水平有限，书中难免有疏漏和不妥之处，恳请广大读者和同行给予批评和指正。

编　者

2016年1月

目　录

第1章 绪　论

1.1 实 验 目 的

分析化学是一门实验性极强的学科。在分析化学的发展中，分析化学理论起了十分重要的作用，但仍然可以说没有分析化学实验就没有分析化学。

通过分析化学实验，可加深学生对分析化学基本概念和基础理论知识的理解，掌握基本的实验方法、规范的实验操作技能，提高分析问题和解决问题的能力，培养学生严谨求实、一丝不苟的科学态度，锐意进取的科学精神。更重要的是通过分析实验使学生树立严格的“量”的概念，并能够根据实验的要求选择、设计实验方案和分析方法，通过实验数据的处理和误差分析得到准确的实验结果。

通过分析化学实验，逐步训练学生的科学思维和科学方法，从而具有探究未知的本领和能力，为后续课程的学习和科研工作打下坚实的基础。

1.2 实 验 方 法

1. 预习

实验课前必须认真预习。除要明确了解实验目的、实验步骤、实验内容和注意事项外，还需撰写预习报告、列好表格、查好相关数据。

2. 实验

化学家戴安邦指出：“化学实验是实施全面化学教育的最有效的教学形式”，可见化学实验在化学教学中具有十分重要的作用。

（1）严格按照规范操作进行，仔细观察实验现象，及时且如实地记录现象和测得的数据。

（2）认真思考，若发现实验异常或产生较大误差时，应找出原因，必要时可重做实验。

（3）实验时保持肃静，保持实验台面清洁整齐。

3. 实验报告

实验报告包括实验目的、基本原理、实验步骤、数据记录及处理、误差分析、结论和讨论。分析化学实验报告突出体现的是对实验原始数据进行正确的分析，需经误差分析得到准确的实验结果和科学的实验结论。

第 2 章　化学实验的基本知识

2.1　实验室规则

当学生进入实验室后，需遵守如下实验室规则：

（1）应保持实验室安静，不得在实验室内嬉戏喧哗。

（2）要尽快熟悉电源开关、灭火器、洗眼器、电话等安全设备的放置位置和使用方法。

（3）应保持实验台面整洁，台面及实验柜内的仪器应有序摆放。实验结束，应及时清洗所用仪器，并将试剂放回原处。

（4）保持水槽干净，切勿往水槽中乱抛杂物。火柴梗、废纸片、碎玻璃等固体废弃物应投入废物箱，废酸和废碱等液体废弃物应小心倒入废液缸内。

（5）要爱护实验室的仪器设备。损坏仪器应及时补领或赔偿。使用精密仪器时，应严格遵守操作规程，不得任意拆装和搬动。用毕，应登记，请教师检查签字。

（6）实验完毕，应请教师检查仪器、实验台面，符合要求后离开实验室。值日生负责打扫和整理实验室。最后应检查水、气开关是否关紧，切断电源。关闭窗户。

2.2　实验室安全规则

在分析化学实验中，经常使用易碎的玻璃仪器，易燃、易爆、有腐蚀和有毒性的化学试剂，电器设备及煤气等。如操作不当，则会影响实验的正常进行，甚至危及人身安全，给国家财产造成重大损失。因此，必须严格遵守实验室安全规则。

（1）实验室严禁饮食、吸烟，严禁将任何化学试剂入口品尝。实验完毕应洗手。

（2）正确使用电器设备，确保安全第一。切不可用湿润的手去开启电闸和电器开关。电源打开后，如发觉无电必须立即关闭。

（3）应正确使用铬酸洗液、浓酸、浓碱、溴等具有强腐蚀性的试剂，切勿溅到皮肤和衣服上。如溅到身上应立即用水冲洗，溅到实验台上或地上时要用水稀释后擦掉。

要注意保护眼睛，必要时戴上防护眼镜。

（4）遇有下列试剂，如 HNO_3、HCl、$HClO_4$、H_2SO_4 等浓酸及实验过程中产生的有刺激性或有毒气体（如 H_2S、Cl_2、Br_2、NO_2、CO 等）应在通风橱内操作。

（5）剧毒试剂（如 KCN、As_2O_3、$HgCl_2$）使用时应格外小心！用过的废液切不可倒入下水道或废液桶中，应回收后集中处理。

（6）使用乙醚、乙醇、丙酮、苯等易燃性有机试剂时，应远离火源，用后盖紧瓶塞，置阴凉处保存。钾、钠和白磷等在空气中易燃烧的物质，应隔绝空气存放。钾、钠保存在煤油中，白磷保存在水中，取用时应使用镊子。

（7）加热试管中的液体时，切不可将管口对着自己或他人，也不可俯视正在加热的液体，以防液体溅出伤人。闻气体的气味时，应当用手轻轻扇动气体，让少量气体飘入鼻孔进行嗅闻。

2.3　化学实验事故的处理

实验过程中如不慎发生意外事故，应立即向教师报告并及时采取救护措施，处理后受伤严重者应马上送医院医治。

1. 酸灼伤

如果实验过程中被酸液灼伤，应马上用大量水冲洗，然后用饱和 $NaHCO_3$ 溶液或肥皂水冲洗，再用水冲洗，最后涂上烫伤膏。如果酸液溅入眼内，应立刻用大量水冲洗，然后用 2% $Na_2B_4O_7$ 溶液洗眼，最后用蒸馏水冲洗。

2. 碱灼伤

如果实验过程中被碱液灼伤，要立即用大量水冲洗，然后用 1% HAc 溶液冲洗，最后用水冲洗干净并涂敷硼酸软膏。如果碱液溅入眼内，应马上用大量水冲洗，再用 3% H_3BO_3 溶液冲洗，最后用蒸馏水冲洗。

3. 溴灼伤

如果是溴灼伤，应立即用乙醇或 10% $Na_2S_2O_3$ 溶液洗涤伤处，再用蒸馏水冲洗干净，然后涂敷甘油。

4. 磷灼伤

若不慎被磷灼伤，马上用 5% $CuSO_4$ 溶液或 $KMnO_4$ 溶液洗涤伤口，然后用浸过 $CuSO_4$ 溶液的绷带包扎。

5. 烫伤

如果被烫伤，切不可用水冲洗，应尽快在烫伤处涂烫伤膏或万花油。严重者立即送医院诊治。

6. 吸入刺激性或有毒气体

吸入 Br_2、Cl_2、HCl 等气体时，可吸入少量乙醇和乙醚的混合蒸气以解毒。若吸入 H_2S 气体而感到不适时，应马上到室外呼吸新鲜空气。

7. 触电

如发生触电事故，应立即切断电源，必要时进行人工呼吸。

8. 着火事故的紧急处理

如遇着火事故，室内人员应保持冷静，要根据起火原因立即采取相应的灭火措施。首先切断电源，移走易燃试剂。有机溶剂和电器设备着火，马上用四氯化碳灭火器、专用防火布、干粉等灭火，切不可用水或泡沫灭火器灭火。

第 3 章　滴定分析实验常用仪器及基本操作

3.1　电 子 天 平

3.1.1　电子天平的原理

电子天平是一种利用电磁力平衡原理实现称量的称量衡器，即测量物体时采用电磁力与被测物体重力相平衡的原理实现测量。由于电子天平没有机械天平的横梁，没有升降枢装置，全量程不用砝码，直接在显示屏上读数，所以具有操作简单、性能稳定、称量速度快、灵敏度高等特点。目前一般电子天平还具有去皮（净重）称量、累加称量、计件称量等功能，并配有对外接口，可连接打印机、计算机、记录仪等，实现了称量、记录、计算自动化。

3.1.2　电子天平的分类

电子天平按其精度可分为超微量天平（称量范围为 2～5g）、微量天平（称量范围一般为 3～50g）、半微量天平（称量范围为 20～100g）、常量天平（称量范围一般为 100～200g），它们的分度值小于（最大）称量的 10^{-5}。而电子天平其实是常量天平、半微量天平、微量天平和超微量天平的总称（图 3-1）。

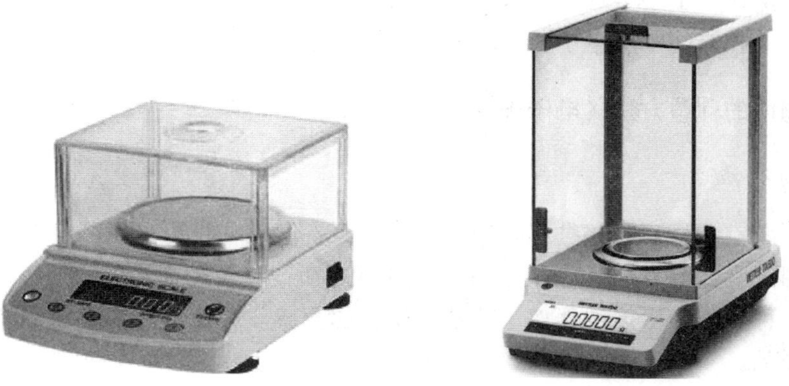

图 3-1　电子天平的外观

3.1.3　电子天平使用方法

（1）天平应放在避风、稳定、无震动的台面。

（2）调节水平：调节两只水平调节螺丝，使水平泡位于中央位置。

（3）接通电源，单击【On】键，天平自检（显示屏上）出现“0.0000g”时，自检结束，天平处于可操作状态。

（4）调整校准：单击【CAL】键，放上校准砝码，天平自动进行校正。校正结束，取下校准砝码。天平显示屏上出现“0.0000g”时即可正常使用。

（5）称量：将空容器放在天平的托盘上，去皮（点击【TAPE】键），向容器内加入称量样品，则显示净重。记录称量数据。取出容器，再点击【TAPE】键清零。

（6）关闭电源。

（7）填写使用记录。

注意事项：

（1）使用前务必仔细阅读说明书。

（2）使用过程中应保持天平室清洁，切勿使样品撒落在天平内。

（3）使用完毕要如实填写使用记录。

3.1.4　电子天平的维护与保养

（1）天平应置于稳定的工作台上，避免震动、气流及阳光照射。

（2）电子天平应按说明书的要求进行预热。

（3）称量易挥发和具有腐蚀性的物品时，要盛放在密闭的容器中，以免腐蚀和损坏电子天平。

（4）经常对电子天平进行自校或定期外校，保证其处于最佳状态。

（5）操作天平不可过载使用，以免损坏天平。

（6）若长时间不用电子天平时应暂时收藏好。

3.1.5　物质的称量方法（电子天平）

1. 直接法

天平零点调好后，将被称物用一干净的纸条套住（也可采用戴汗布手套、用镊子或钳子等适宜方法），放在天平秤盘中央，所得读数即被称物的质量。这种方法适用于称量洁净干燥的器皿、棒状或块状的金属及其他整块的不易潮解或升华的固体样品。

2. 固定质量称量法

此法用于称取指定质量的试样。适用于称取在空气中性质稳定的粉末状或小颗粒试样，如金属、矿石、合金等。其操作如下：先称出容器（如表面皿、称量纸）的质量，然后用药匙将试样慢慢加入盛放试样的器皿（或称量纸）中，并极其小心地将盛有试样的药匙伸向秤盘中容器上方 2～3cm 处，药匙的另一端顶在掌心上，用大拇指、食指拿住药匙，用左手食指轻轻敲打右手手腕，将试样慢慢抖入容器中（图 3-2），直到显示所需质量。如不慎加多了试样，需重复上述操作直到合乎要求为止。

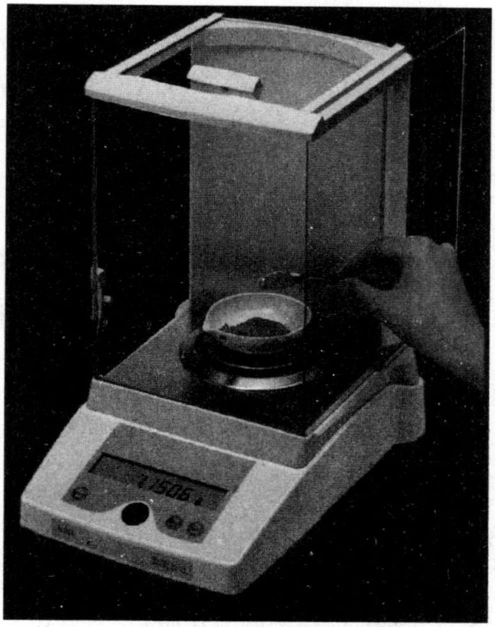

图 3-2　固定称样

3. *差减称量法*

差减称量法适用于连续称取多份易吸水，或易氧化，或易与 CO_2 反应的物质。称取样品的质量只要控制在一定的要求范围内即可。操作如下：将适量的试样装入洁净干燥的称量瓶中，用洁净的小纸条套在称量瓶上（图 3-3），将称量瓶放在天平秤盘中心，设称得其质量为 m_1g。取出称量瓶，用左手将其举在盛接试样的容器（烧杯或锥形瓶）上方，右手用小纸片夹住瓶盖柄，打开瓶盖，将称量瓶慢慢向下倾斜，并用瓶盖轻轻敲击瓶口，使试样慢慢落入容器内（图 3-4）。当估计倾出的试样已接近所要求的质量时，慢慢将称量瓶竖起，用盖轻轻敲瓶口，使黏附在瓶口上部的试样落入瓶内，然后盖好瓶盖（从打开称量瓶盖到盖上瓶盖，整个操作过程都应在烧杯或锥形瓶口中央的正上方），将称量瓶再放回天平盘上称量。如此反复数次直到倾出的试样质量达到要求为止。设此时称量瓶质量为 m_2g，则称出试样为（m_1-m_2）g。按上述方法连续操作，可称取多份试样。例如

	I	II	III
称量瓶与试样质量 m_1g:	25.3830	25.1347	24.9047
倾出试样后称量瓶与试样质量 m_2g:	25.1347	24.9047	24.6535
试样质量 mg	0.2483	0.2300	0.2512

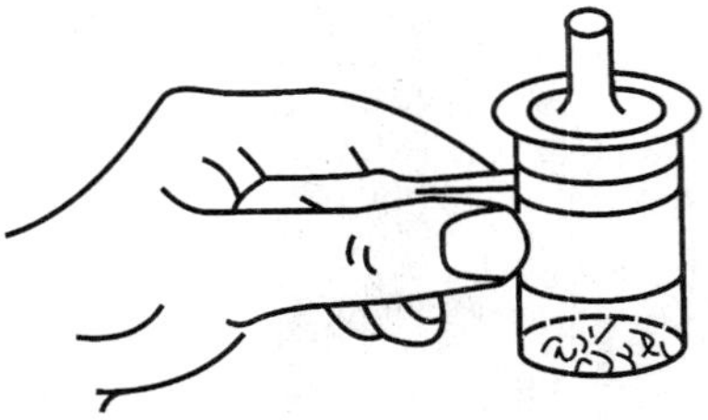

图 3-3 称量瓶

图 3-4 试样敲击的方法

3.2 滴 定 管

滴定管是可放出不固定量液体的量出式玻璃量器，主要用于滴定过程中准确测量标准溶液的体积。滴定管的管身是用细长而内径均匀的玻璃管制成，上面有均匀的分度线。常量分析的滴定管容积有 50mL 和 25mL 两种，最小刻度为 0.1mL，读数可估计到 0.01mL。另外，还有 10mL、5mL、2mL、1mL 的半微量或微量滴定管。按盛放溶液性质不同，滴定管分为两种（图 3-5）：一种是下端带有玻璃活塞的酸式滴定管；另一种是管的下端连接一段乳胶管的碱式滴定管，乳胶管内放一玻璃珠，乳胶管下端再连接一个尖嘴玻璃管，用手指捏玻璃珠周围的乳胶时，便会形成一条狭缝，溶液即可流出，并可控制流速。玻璃珠的大小应适当，过小会漏液或在使用时上下移动，过大则在放液时手指很吃力，操作不方便。

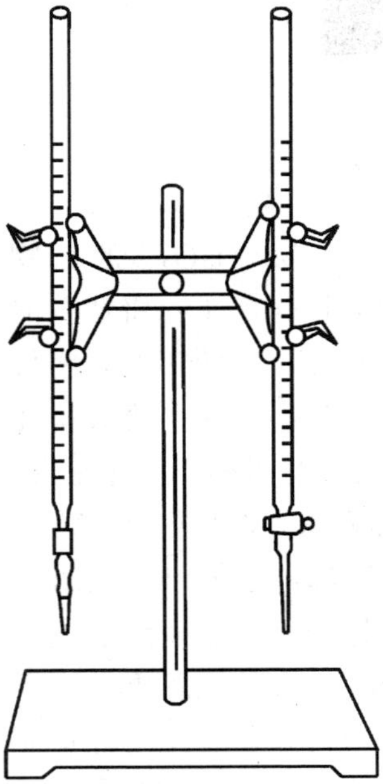

图 3-5 滴定管

酸式滴定管用于盛放酸性和氧化性溶液，但不能盛放碱性溶液，因碱性溶液会腐蚀玻璃活塞，放置久了，活塞将不能打开。碱式滴定管用于盛放碱性溶液，但不能盛放与乳胶管发生反应的氧化性溶液，如 $KMnO_4$、I_2 等。

3.2.1　酸式滴定管的洗涤与涂油

首先检查活塞的密合性，将活塞用水润湿后插入活塞套内，管中充水至最高标线，垂直固定在铁架台上，15min 后漏水不应超过 1 个分度（0.1mL）。

其次是洗涤滴定管，洗涤方法根据其沾污程度而定。一般情况下用自来水冲洗；如洗不净，先用普通洗涤剂洗涤，然后用自来水冲洗，再用蒸馏水洗两三次。如还洗不净，则应用铬酸洗液洗涤。若滴定管中有少量的污垢，可装入约 10mL 洗液，双手平托滴定管的两端，不断转动滴定管，使洗液布满全管。在放平过程中，滴定管口应对着洗液瓶口（或烧杯），以防洗液洒到外面。洗完后，将洗液分别由两端放出，倒回原瓶。如果滴定管太脏，可将滴定管装满洗液，固定在滴定管架上放置一段时间（为防止洗液滴在实验台上，滴定管下方应放一烧杯），然后用自来水将洗液冲净，再用蒸馏水润洗 3 次，每次用水约 10mL。洗净后的滴定管内壁应被水均匀润湿而不挂水珠。如挂水珠，应重新洗涤。

为使酸式滴定管的活塞不漏水且转动灵活，必须给活塞涂油，实验步骤如下：把滴定管中的水倒掉，平放在实验台上，取出活塞。用滤纸片将活塞及活塞套表面的水及油污擦干净。用玻璃棒（也可用食指）蘸上少量凡士林油，均匀地涂在活塞的 A、B 两部分（图 3-6）。油不要涂得太多，以免活塞孔被堵住，也不能涂得太少，否则达不到转动灵活与防止漏水的目的。涂好油后，将活塞插入平放在实验台上的滴定管活塞套中，插入时活塞孔应与滴定管平行方向插入，以免将油脂挤到活塞孔中。活塞插好前滴定管不可直立，否则活塞套会被管中残留的水润湿。插好活塞后，可拿起滴定管，向同一方向旋转活塞，旋转时，应有一定的向活塞套挤压的力，避免来回移动活塞，使塞孔被堵。最后用橡皮圈将活塞套在活塞小头部分沟槽上，以免活塞被碰松动时脱落打碎。套橡皮圈时应用手抵住活塞柄，不得使活塞松动。否则，活塞松动，影响密合性，甚至会使活塞掉下来打碎。涂油后的滴定管，活塞应转动灵活，凡士林层中没有纹络，活塞呈均匀的透明状态。滴定管活塞涂好油后，将管中充满水，放在滴定管架上直立静置 2min，观察流液口及活塞两端是否有水滴渗出，然后将活塞旋转 180°，再放置 2min，继续观察有无水滴渗出。若两次检查均无水滴渗出，即可使用，否则应重新涂油后检查不漏水再使用。

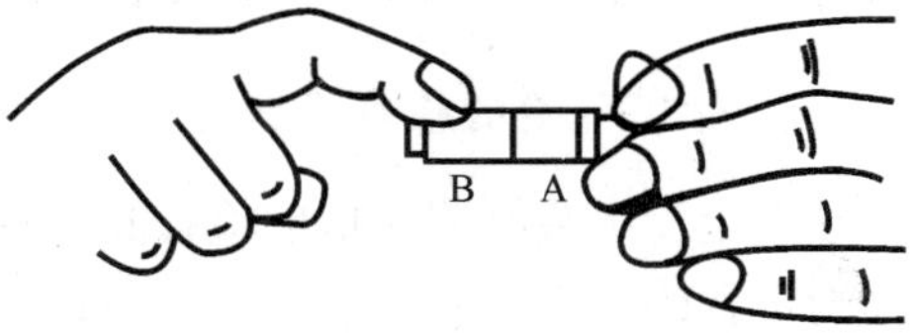

图 3-6　活塞涂油操作

如果活塞孔或出口尖嘴被凡士林堵塞时，可将滴定管充满水后，将活塞打开，用洗耳球在滴定管上部挤压、鼓气，即可将油排除。

3.2.2　碱式滴定管的洗涤

使用前应检查乳胶管是否老化、变质，玻璃珠大小是否合适，若不合要求，应及时更换。

洗涤方法与酸式滴定管相同，如需用洗液时，应将玻璃珠向上推至与滴定管管身下端相接触，以防止洗液与乳胶管接触。

3.2.3　滴定管的使用方法与滴定操作

1. 标准溶液（或待标定的标准溶液）的装入

为了保证操作溶液的浓度装入滴定管中后不发生变化，必须做到以下三点：

（1）装标准溶液之前必须将试剂瓶中的溶液摇匀，使凝结在瓶壁上的水珠混入溶液。

（2）标准溶液应从试剂瓶中直接装入滴定管，不得用其他容器（如烧杯、漏斗等）来转移。左手持滴定管上部无刻度处，并稍微倾斜，右手拿住试剂瓶向滴定管倒入溶液。如用小试剂瓶，右手可握住瓶身；如用大试剂瓶，可将瓶放在实验台上，握住瓶颈，使瓶倾斜，将溶液慢慢倾入滴定管中。

（3）为了保证装入滴定管中的标准溶液不被稀释，必须用该溶液润洗滴定管两三次，每次用 10mL 左右的溶液，平放滴定管，双手托住滴定管两端无刻度部位，边转动边倾斜，使溶液充满全部内壁，然后将溶液从流液口放出弃去。最后，将标准溶液装入至“0”刻度以上。

2. 管嘴气泡的检查及排除

滴定管中装好溶液后应检查其下端尖头部分是否未被溶液充满而留有气泡。酸式滴定管的气泡一般容易看出，当有气泡时，右手拿管上部无刻度处，并将滴定管倾斜 60°，左手迅速旋开活塞，使溶液急速流出的同时将气泡赶出。碱式滴定管的气泡往往在乳胶管内和出口玻璃管内存留，对光检查则易发现。将滴定管倾斜 30°，用左手的食指和大拇指捏玻璃珠部位，乳胶管向上弯曲的同时捏挤乳胶管，使溶液急速流出的同时将气泡赶出（图 3-7）。

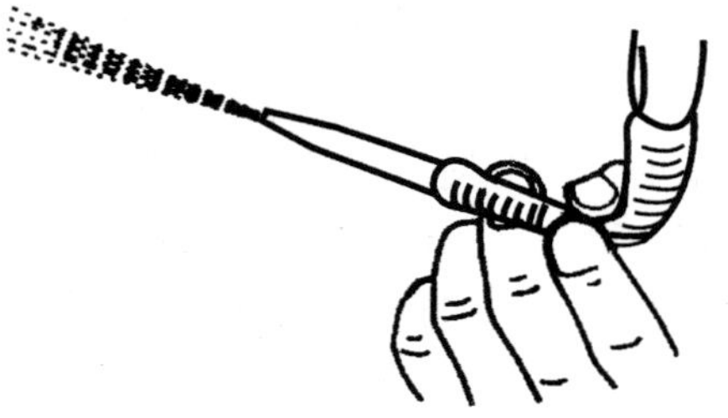

图 3-7　碱管排气泡

3. 滴定姿势

一般采取站姿滴定，要求操作者身体站正。有时为操作方便也可坐着滴定。

4. 酸式滴定管的操作

用酸式滴定管滴定时，用左手控制活塞，大拇指在前，中指和食指在后，轻轻捏住活塞柄，无名指和小拇指向手心弯曲，手心内凹，不要让手心顶着活塞，以防活塞被顶出，造成漏液，如图 3-8 所示。转动活塞时应稍向手心用力，不要向外用力，以免造成漏液。但也不要往里用力太大，以免造成活塞转动不灵活。

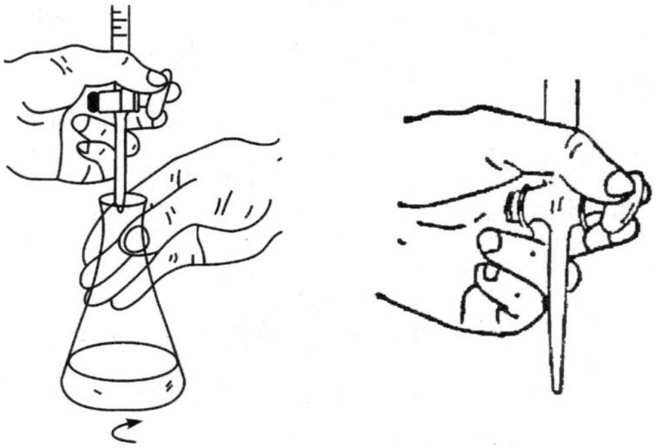

图 3-8　酸式滴定管的操作

5. 碱式滴定管的操作

用碱式滴定管滴定时，用左手握住乳胶管，大拇指在前，食指在后，其他三根手指辅助夹住出口管。用大拇指和食指捏住玻璃珠所在部位，向右挤压乳胶管，使玻璃珠移向手心一侧，使乳胶管与玻璃珠之间形成一个小缝隙，溶液即可流出，如图 3-9 所示。注意不要用力捏玻璃珠，也不要使玻璃珠上下移动，更不要捏玻璃珠下部的乳胶管，以免进入空气形成气泡影响读数。

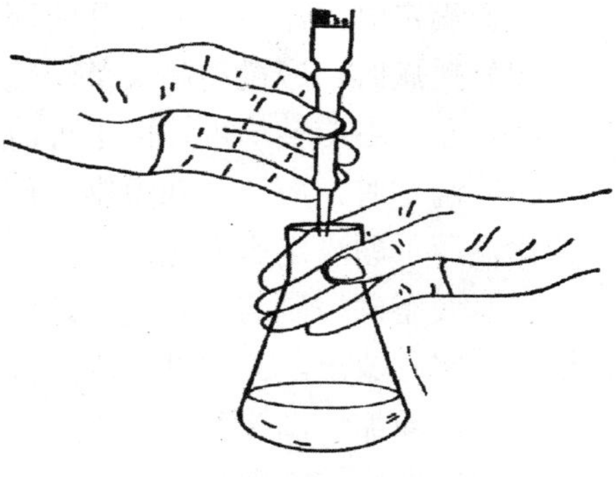

图 3-9　碱式滴定管的操作

目前实验室有一种活塞是聚四氟乙烯材质的滴定管，这种滴定管活塞处不用涂油，只需将另一端螺丝扣旋到松紧适当的位置即可。它既可以装酸液，也可以装碱液和具有氧化性的溶液，使用方法同酸式滴定管。

6. 滴定操作

滴定操作可在锥形瓶或烧杯内进行。在锥形瓶中进行滴定时，用右手拿住锥形瓶上部，使瓶底离实验台 2～3cm，滴定管下端伸入瓶口内约 1cm。左手握滴定管，按前述方法，边滴加溶液，边用右手旋摇锥形瓶，使溶液沿一个方向旋转，要边摇边滴，使滴下去的溶液尽快混匀。

滴定在烧杯中进行时，把烧杯放在实验台上，滴定管的高度应以其下端伸入烧杯内约 1cm 为宜。滴定管的下端应在烧杯中心的左后方处，如放在中央，会影响搅拌；如离杯壁过近，滴下的溶液不易搅拌均匀。左手控制滴定管滴加溶液，右手持玻璃棒搅拌溶液，如图 3-10 所示。玻璃棒应做圆周搅动，不要碰到烧杯壁和底部。近终点滴加半滴溶液时，可用玻璃棒下端轻轻沾下，再浸入烧杯中搅匀。但应注意，玻璃棒只能接触溶液，不能接触管尖。

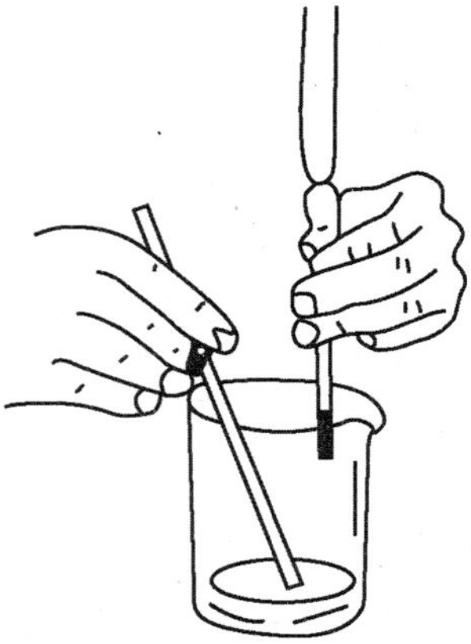

图 3-10　在烧杯中的滴定操作

进行滴定操作时，应注意以下问题：

（1）每次滴定前都应将液面调至零刻度或接近零刻度处，这样可使每次滴定前后的读数基本上都在滴定管的同一部位，从而消除由于滴定管刻度不准确而引起的系统误差；还可以保证滴定过程中操作溶液足够量，避免由于操作溶液量不够，需重新装一次操作溶液再滴定而引起的读数误差。

（2）滴定时，左手不能离开活塞，任溶液自流。

（3）摇瓶时，应微动腕关节，使锥形瓶做圆周运动，瓶中的溶液则向同一方向旋转，左、右旋转均可，但不可前后晃动，以免溶液溅出。

（4）滴定时，应认真观察锥形瓶中溶液颜色的变化。不要去看滴定管上的刻度变化，而不顾滴定反应的进行。

（5）要正确控制滴定速度。开始滴定时，速度可稍快些，但溶液不能呈流水状地从滴定管放出。应“见滴成线”，这时为 3～4 滴每秒。接近终点时，应一滴一滴加入，即加一滴摇几下，再加，再摇。马上到终点时，应加半滴，摇几下，直到溶液出现明显的颜色变化为止。

（6）半滴溶液的控制与加入。用酸式滴定管时，可慢慢转动活塞，活塞稍打开一点，让溶液慢慢流出悬挂在出口管嘴上，形成半滴，立即关闭活塞。用碱式滴定管时，用大拇指和食指捏住玻璃珠所在部位，稍用力向右挤压乳胶管，使溶液慢慢流出，形成半滴，立即松开大拇指与食指，溶液即悬挂在出口管嘴上。半滴溶液加入时应采用涮壁法，将滴定管尖嘴尽量伸入瓶中较低处，然后用瓶壁将半滴靠下，再倾斜锥形瓶，用瓶中的溶液将附于壁上的半滴溶液涮入瓶中。也可采用吹洗法，即用锥形瓶瓶壁将半滴溶液靠下，然后从洗瓶中吹出蒸馏水将瓶壁上的溶液冲下去。用此法时，只能用很少量蒸馏水冲洗一两次，否则使溶液过分稀释，导致终点颜色变化不敏锐。用碱管时一定先松开大拇指和食指，再将半滴溶液靠下，否则尖嘴玻璃管内会产生气泡。

溴酸钾法、碘量法（间接碘量法）等需要在碘量瓶中进行反应和滴定。碘量瓶是带有磨口玻璃塞和水槽的锥形瓶（图 3-11），喇叭形瓶口与瓶塞柄之间形成一圈水槽，槽中加入蒸馏水即可形成水封，可防止瓶中溶液反应时生成的 Br_2、I_2 等逸失。反应到一定时间后，打开瓶塞水即流下并可冲洗瓶塞和瓶壁，然后进行滴定。

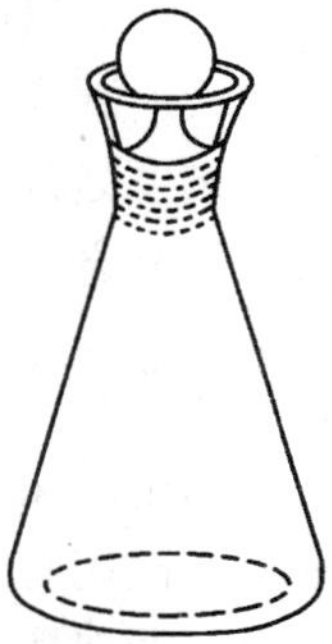

图 3-11　碘量瓶

7. 滴定管的读数

（1）每次读数前，都应观察一下，管壁是否挂水珠，管内的出口尖嘴处有无悬挂液滴，管嘴是否有气泡。

（2）读数时，应该把滴定管从滴定管架上取下，用右手大拇指和食指捏住滴定管上部无刻度部位，其他手指从旁辅助，使滴定管保持垂直进行读数。

（3）对于无色和浅色溶液，应读取弯月面下缘实线的最低点，视线应与弯月面下缘实线的最低点相切［图 3-12（a）］。对于有色溶液，如 $KMnO_4$、I_2 溶液等，其弯月不够清晰，读数时视线应与液面两侧的最高点相切（图 3-13）。

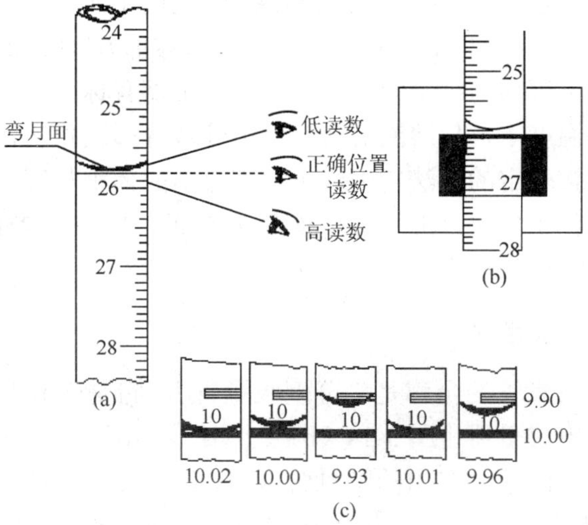

图 3-12　读数视线的位置

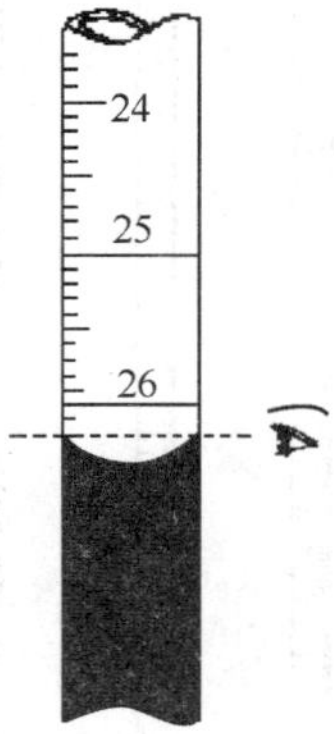

图 3-13　深色溶液的读数

（4）初学者练习读数，可采用一读数卡，如图 3-12（b）所示。读数卡由贴有黑纸或涂有黑色长方形（约 3cm×1.5cm）的白纸板制成。读数时，把读数卡放在滴定管背后，使黑色部分在弯月面下约 1mL 处，此时即可看到弯月面的反射层全部成为黑色，然后读此黑色弯月面下缘的最低点。对有色溶液应以白色卡片为背景。

（5）每次装入溶液或放出溶液后，应等 1～2min，待附着在内壁的溶液流下后再读数。如果放出溶液速度较慢（如近终点时），可等 0.5～1min 后读数。

（6）对白底蓝线衬背滴定管的读数，应读取蓝线上、下两尖端相对点的位置。

（7）滴定管读数可读至小数点后第二位，即要求估计到 0.01mL。滴定管上两个小刻度之间为 0.1mL，当液面在此两小刻度中间时为 0.05mL；若液面在两小刻度的五分之一处，即为 0.02mL 等，如图 3-12（c）所示。

8. 滴定结束后滴定管的处理

滴定结束后，滴定管内剩余的溶液应弃去，不可倒回原瓶，以防沾污标准溶液。依次用自来水和蒸馏水将滴定管洗净，然后装满蒸馏水挂在滴定管架上，上口用一器皿罩上，下口套一段洁净的橡皮管。长期不用，应倒尽水。酸式滴定管的活塞和塞套之间应垫上一张小纸片，再用橡皮圈捆好，然后收在仪器柜中。

3.3　移液管和吸量管

3.3.1　移液管

移液管是用于准确移取一定体积溶液的量出式玻璃量器，正规名称是“单标线吸量管”，一般习惯称为移液管。它的中间为一膨大部分［图 3-14（a）］的玻璃管（称为球部），球部的上部和下部均为细窄的管颈，管颈的上部有标线，在标明的温度下，使溶液的弯月面与移液管标线相切，让溶液按一定的方法自由流出，则流出的体积与管上标明的体积相同。常用的移液管有 5mL、10mL、25mL 和 50mL 等规格。

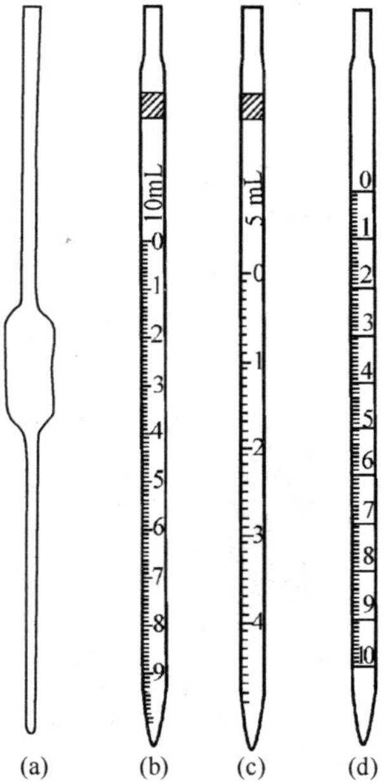

图 3-14　移液管和吸量管

3.3.2　吸量管

吸量管的全称是“分度吸量管”，它是带有分度的量出式量器［图 3-14（b）～（d）］，用于移取非固定量的溶液。常用的吸量管有 1mL、2mL、5mL 和 10mL 等规格，一般用于量取小体积的溶液。有些吸量管的分刻度不是刻到管尖，而是离管尖尚差 1～2cm［图 3-14（d）］，是不完全流出式。在移取 2mL 以上固定量溶液时，应尽可能使用移液管。使用吸量管时，通常在最高标线调整零点，然后使液面降到某一刻度，两刻度之差即为所放出溶液的体积。在同一实验中应使用同一支吸量管的同一部位量取，以减少吸量管带来的测量误差。

图 3-15　吸取溶液的操作

3.3.3　移液管与吸量管的洗涤

洁净的移液管与吸量管的内壁及下端均应不挂水珠。可先用自来水冲洗，如挂水珠，可用铬酸洗液洗。洗涤时，用左手拿住洗耳球，用右手的拇指和中指拿在移液管标线以上部分，无名指及小拇指辅助持住移液管，将洗耳球对准移液管口（图 3-15），移液管尖贴在吸水纸上，用洗耳球吹去管尖残留的水。然后移取少量洗液至刚入膨大部分，把管横过来，转动移液管，使洗液布满全管，稍浸泡一会儿后将洗液倒回原瓶。再用自来水冲洗，然后用少量蒸馏水洗涤两三次。如果移液管或吸量管内壁严重沾污，则应把其放入盛有洗液的大量筒或高型玻璃缸中，浸泡 15min 到数小时，视其沾污程度而定。

3.3.4　移取溶液

移液管或吸量管经润洗后，即可移取溶液，将管插入待吸溶液液面下 1～2cm 深度。如插得太浅，液面下降后会造成吸空；如插得太深，移液管或吸量管外壁沾带溶液过多。吸液过程中，应注意液面与管尖的位置，管尖应随液面下降而下降。当液面吸至标线以上时，迅速移开洗耳球，同时马上用右手食指堵住管口。左手放下洗耳球，拿起盛待吸液的容器，将移液管或吸量管提起离开液面，并将管的下部（伸入溶液的部分）用吸水纸擦干，以除去管壁上黏附的少量溶液。然后使容器倾斜约 30°，使移液管或吸量管管尖紧贴其内壁，微微松动右手食指，使液面缓慢下降，直到视线平视时弯月面与标线相切，立即按紧食指。左手放下待吸液容器，拿起接收溶液的容器，将其倾斜约 30°，将移液管或吸量管垂直，管尖紧贴接收容器的内壁，松开食指，使溶液自然顺壁流下（图 3-16）。待溶液下降到管尖后，应等 15s 左右，然后移开移液管放在移液管架上。不可乱放，以免沾污。

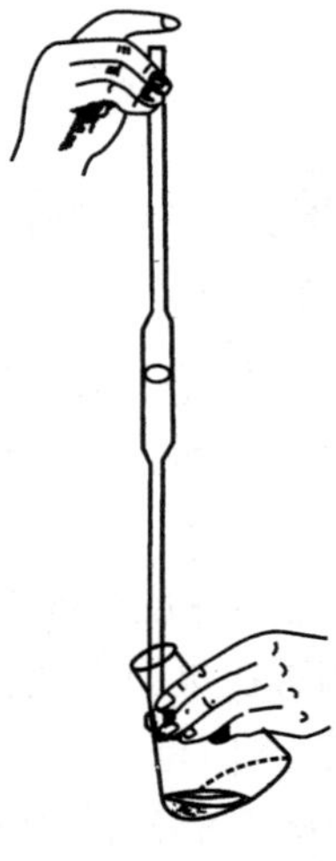

图 3-16　放出溶液的操作

注意移液管或吸量管放液后，其管尖仍残留一滴溶液，对此，除特别注明“吹”字外，此残留液切不可吹入接收容器中，因为在工厂生产检定时，并未把这部分体积计算进去。

3.4 容 量 瓶

容量瓶是细颈梨形平底玻璃瓶，由无色或棕色玻璃制成（图 3-17）。带有磨口玻璃塞或塑料塞、橡胶塞，颈上有一标线。容量瓶为量入式。容量瓶的容量定义为：在 20℃时，充满至标线所容纳水的体积，以毫升计。容量瓶有 10mL、25mL、50mL、100mL、250mL、500mL 和 1000mL 等各种规格。

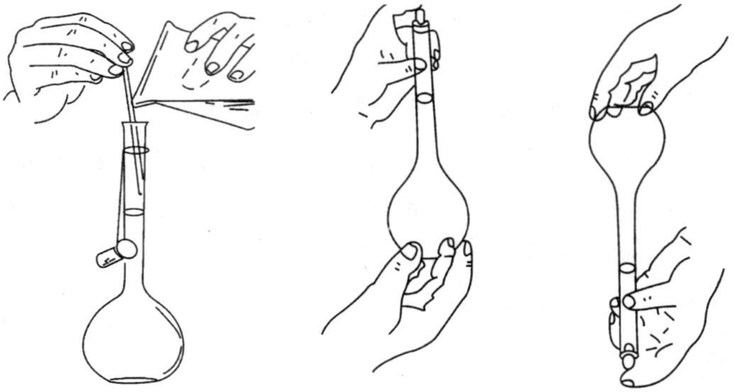
(a)　　(b)　　(c)

图 3-17　容量瓶的使用

容量瓶的主要用途是配制准确浓度的溶液或定量地稀释溶液。它常与移液管配套使用，可把配成溶液的某种物质分成若干等份。

使用容量瓶时应注意以下事项：

（1）容量瓶的检查。

①查看标线位置距离瓶口是否太近，如太近，则溶液不易混匀，不宜使用。

②是否漏水：加自来水至标线附近，盖好瓶塞，用左手食指按住瓶塞，其余手指拿住瓶颈标线以上部分，用右手指尖托住瓶底边缘［图 3-17（b）］。将瓶倒立 2min，看是否漏水，可用滤纸片检查。将瓶直立，瓶塞转动 180°，再倒立 2min 检查，若不漏水，则可使用。

容量瓶的瓶塞不应取下随意乱放，以免沾污、搞错或打碎。可用橡皮筋或细绳将瓶塞系在瓶颈上。如为平顶的塑料塞、橡胶塞，也可将塞子倒置在桌面上放置。

（2）容量瓶的洗涤。合格的容量瓶使用前应用铬酸洗液清洗内壁。先尽量倒去瓶内残留的水，再倒入适量洗液（250mL 容量瓶倒入 10～20mL 洗液），倾斜转动容量瓶，使洗液布满内壁，浸泡 10min 左右，将洗液倒回原瓶，然后用自来水充分洗涤，最后用蒸馏水淋洗 3 次。水的用量根据容量瓶大小而定，如 250mL 容量瓶，第一次用 30mL 左右，第二、三次用 20mL 左右。洗净后擦干磨口处，盖好塞子备用。

（3）用固体物质配制溶液。准确称量基准试剂或被测样品，置于小烧杯中，用少量蒸馏水（或其他溶剂）将固体溶解。如需加热溶解，则加热后应冷却至室温。然后将溶液定量转移至容量瓶中。定量转移溶液时，右手持玻璃棒，将玻璃棒悬空伸入容量瓶口中，棒的下端应靠在瓶颈内壁上。左手拿烧杯，使烧杯嘴紧贴玻璃棒，让溶液沿玻璃棒和内壁流入容量瓶中［3-17（a）］。烧杯中溶液倾完后，烧杯不要直接离开玻璃棒，而应在扶正烧杯的同时使杯嘴沿玻璃棒上提 1～2cm，离开玻璃棒，并将玻璃棒放回烧杯中，但不要靠杯嘴（烧杯嘴沿玻璃棒上提，可避免杯嘴与玻璃棒之间的一滴溶液流到烧杯外面）。再用少量蒸馏水（或其他溶剂）淋洗烧杯三四次，每次用洗瓶吹出的蒸馏水冲洗烧杯内壁和玻璃棒，接着将溶液定量转移入容量瓶中。然后用洗瓶加蒸馏水至 2/3 容量时，将容量瓶沿水平方向轻轻转动几圈，使溶液初步混匀。再继续加水至标线以下约 1cm 处，等待 1～2min，使附在瓶颈内壁的水流下后，再用滴管滴加蒸馏水至弯月面下缘与标线相切，且与视线应在同一水平面。无论溶液有无颜色，加水位置都应使弯月面下缘与标线相切为准。随即盖紧瓶塞，左手捏住瓶颈上端，食指压住瓶塞，右手三指托住瓶底［图 3-17（b）］，将容量瓶倒转，使气泡上升到顶部，水平振荡混匀溶液［图 3-17（c）］。这样重复操作 15～20 次，使瓶内溶液充分混匀。

右手托瓶时，应尽量减少与瓶身的接触面积，以避免体温对溶液温度的影响。100mL 以下的容量瓶，可不用右手托瓶，只用一只手抓住瓶颈，同时用手心顶住瓶塞倒转摇动即可。

（4）如果用容量瓶将已知准确浓度的浓溶液稀释成一定浓度的稀溶液，则用移液管移取一定体积的浓溶液于容量瓶中，加蒸馏水至标线，按前述方法混匀溶液。

（5）容量瓶不宜长期保存试剂溶液，不可将容量瓶当作试剂瓶使用。如配好的溶液需长期保存，应将其转移至磨口试剂瓶中。磨口瓶洗涤干净后还必须用容量瓶中的溶液淋洗两三次。

（6）容量瓶用毕应立即用水冲洗干净。如长期不用，磨口处应洗净擦干，垫上小纸片，放入仪器柜中保存。

（7）容量瓶不能在烘箱中烘烤，也不能用明火直接加热。如需使用干燥的容量瓶，可将容量瓶洗净后，用乙醇等有机溶剂荡洗后晾干或用电吹风的冷风吹干。

3.5 重量分析法的基本操作

重量分析法是化学分析中重要的经典方法，采用适当方法将被测组分从试样中离析出来，通过称量其质量，计算出被测组分的含量。重量法分为沉淀重量法、气体重量法（挥发法）和电解重量法。最常用的重量法是沉淀重量法，待测组分以难溶化合物的形式从溶液中沉淀出来，沉淀形式通过一定处理后转化为称量形式称量，通过化学计量关系可以计算得出分析结果。

在沉淀重量法分析中，基本操作包括样品溶解、沉淀、过滤、洗涤、烘干和灼烧等。涉及的操作每一步都需认真、正确，否则都会影响最终的分析结果。

3.5.1　样品的溶解

样品分为液体试样和固体样品。液体样品可以直接量取至烧杯中进行分析。固体试样需要根据被测试样的性质，选用不同的溶解（或熔融）试剂，可以采用的试剂有水、酸、碱和熔融盐等。分析所用的玻璃仪器应经过严格选择，如玻璃容器内壁不能有划痕，烧杯、玻璃棒、表面皿的大小要适宜（玻璃棒两头应稍圆，长度应高出烧杯 5～7cm，表面皿的大小应大于烧杯口）。

溶解水溶性试样操作：将样品称于烧杯中，用表面皿盖好；如果试样溶解时不产生气体，则在溶解时取下表面皿，凸面向上放置。慢慢沿杯壁或沿下端紧靠杯内壁的玻璃棒加入试剂，之后用玻璃棒搅拌试样使其溶解。将玻璃棒放在烧杯嘴处（此玻璃棒不能作为它用），将表面皿盖在烧杯上。试样溶解需加热或蒸发时，应在水浴锅内进行，但温度不可太高。烧杯上必须盖上表面皿，以防溶液暴沸或迸溅，加热、蒸发停止时，用洗瓶洗表面皿或烧杯内壁。

如果试样溶解时产生气体，则需要先用少量蒸馏水润湿样品，表面皿凹面向上盖在烧杯上，沿玻璃棒将试剂从烧杯嘴与表面皿之间的孔隙缓慢加入，加完试剂后，用蒸馏水吹洗表面皿的凸面，使其沿烧杯内壁流入烧杯中，并用洗瓶吹洗烧杯内壁。

3.5.2　试样的沉淀

重量分析法要求沉淀尽可能完全，所得沉淀尽可能纯净，因此实验操作必须非常严格。按照沉淀的类型选择合适的沉淀条件，如溶液的体积、酸度、温度，加入沉淀剂的数量、浓度，加入顺序、速度，搅拌速度，是否需要陈化以及陈化时间等。用量筒量取液体试剂，用千分之一分析天平称取固体试剂，沉淀所需试剂溶液浓度准确到 1%即可。

根据沉淀的类型不同，选用不同的实验步骤。

“稀、热、慢、搅、陈”五字原则适用于晶形沉淀的沉淀。稀：配制稀的试样及沉淀剂溶液；热：在热溶液中进行；慢：要缓慢加入沉淀剂；搅：要用玻璃棒不断搅拌；陈：沉淀完全后需要陈化。

重量分析基本操作主要包括沉淀的形成、沉淀的过滤和洗涤、沉淀的烘干或灼烧及称量等步骤。整个操作应按规范动作细心进行，防止沉淀损失或引入其他杂质，以确保分析结果的准确度。

1. 沉淀的形成

准备好洁净的、杯底及内壁均不带纹痕的烧杯，配备合适的玻璃棒和表面皿，三者一套，不许分离，直至沉淀完全转移出烧杯为止。

（1）准确称取一定质量的试样置于烧杯中，处理成溶液后适当稀释或加热。

称取样品的量要适当。一般结晶形沉淀不超过 0.5g，胶状沉淀不超过 0.2g。

（2）沉淀剂的用量一般是理论值的 110%～150%，计算出实际用量。沉淀所需的试剂溶液浓度只需准确到 1%，用量筒量取，固体试剂用台秤称取。

（3）沉淀剂或被测溶液加热时均不可沸腾，以免因溅溢造成损失。

（4）沉淀剂一般是用滴管逐滴加入，滴管口应接近液面滴加，以免溶液溅出。同时边滴加试剂边充分搅拌。沉淀剂应连续一次加完。

（5）沉淀剂加完后，应检查沉淀是否完全。待沉淀完全后用表面皿盖上烧杯，玻璃棒放在烧杯中。

（6）对于胶状沉淀，应该用浓的沉淀剂，快速加入热的溶液中，同时搅拌，以得到紧密的沉淀。

（7）对晶形沉淀，可放置过夜，或将沉淀与溶液一起加热一定时间，进行陈化，然后再过滤。对非晶形沉淀，则不必放置陈化，只需静置数分钟，待沉淀下沉后即可过滤。

2. 沉淀的过滤和洗涤

沉淀的过滤可采用滤纸或微孔玻璃坩埚。用哪一种方法应根据沉淀在灼烧中是否会被纸灰还原及称量物的性质而定。对于需要灼烧称量的沉淀，应使用无灰定量滤纸过滤。这种滤纸灼烧后，其灰分的质量在重量分析中可忽略不计。滤纸按直径大小分为 7cm、9cm 和 11cm 等规格。按滤纸纤维孔隙大小，又可分为快速、中速、慢速三种。应根据沉淀的性质和数量选用滤纸。对于硫酸钡等细晶形沉淀，应选用较小尺寸的慢速滤纸；对于氢氧化铁等胶体沉淀，应选用大尺寸的快速滤纸。

常压过滤的操作（图 3-18），应做到“一贴二低三靠”。一贴：滤纸紧贴漏斗壁。二低：滤纸上沿低于漏斗口，溶液液面低于滤纸上沿。三靠：漏斗颈下端紧靠盛接滤液的烧杯内壁，引流的玻璃棒下端轻靠滤纸三层一侧，盛待过滤液烧杯的嘴部靠在玻璃棒的中下部。过滤一般分 3 个阶段进行：第一阶段采用倾泻法把尽可能多的清液先过滤过去，并将烧杯中的沉淀作初步洗涤；第二阶段把沉淀转移到漏斗上；第三阶段清洗烧杯和洗涤漏斗上的沉淀。

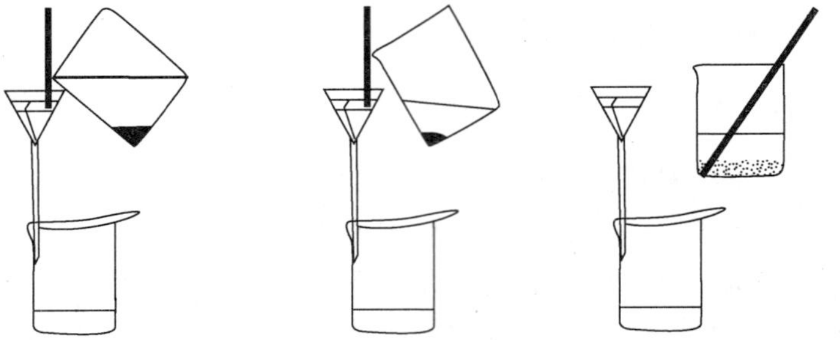

图 3-18　常压过滤操作

对于一些可以或必须在低温烘干的沉淀，则应该使用微孔玻璃坩埚在减压下过滤。

3. 沉淀的灼烧

1）瓷坩埚的准备

沉淀的干燥与灼烧一般在瓷坩埚中进行。先将瓷坩埚洗净，小火烤干或烘干，编号。然后在所需温度下，加热灼烧。坩埚可以用喷灯、煤气灯灼烧，也可以放在温度为 800～950℃的马弗炉中灼烧。第一次灼烧 30～45min，取出稍冷却后，转入干燥器中冷却至室温，称量。第二次再灼烧 15～20min，再冷却称量。两次称量之差在 0.2mg 以内时，表示坩埚已恒量。否则还需再灼烧，直至质量恒定为止。灼烧空坩埚的温度必须与以后灼烧沉淀的温度一致。恒量的坩埚应在干燥器中保存备用。

夹取红热的坩埚时，应把坩埚钳预热一下。一般坩埚需冷却 40～50min 降至室温，冷却坩埚时，干燥器应在实验室放 20min，然后再移至天平室冷却至室温，以保证天平室的温度不受影响。无论是空坩埚还是装有沉淀的坩埚，其冷却的时间每次都应相同。

2）沉淀的包裹

用玻璃棒将滤纸三层部分挑起，注意玻璃棒的顶端应细而圆滑，用洁净的手将滤纸和沉淀一起取出，如是晶形沉淀，则可按图 3-19（a）所示的方法，把沉淀包好，应包紧些，但不能用手指压沉淀。包好沉淀后，用原来不接触沉淀的那部分滤纸把漏斗内壁轻轻擦一下，把可能沾在漏斗上部的沉淀擦下。然后把滤纸包的三层部分向上放入已恒量的坩埚中。

若包裹胶状蓬松的沉淀，则可用玻璃棒在漏斗中将滤纸四周边缘向内折，把圆锥体的敞口封住［图 3-19（b）］，而后取出，倒转过来，使滤纸包尖头向上放入恒量的坩埚内。

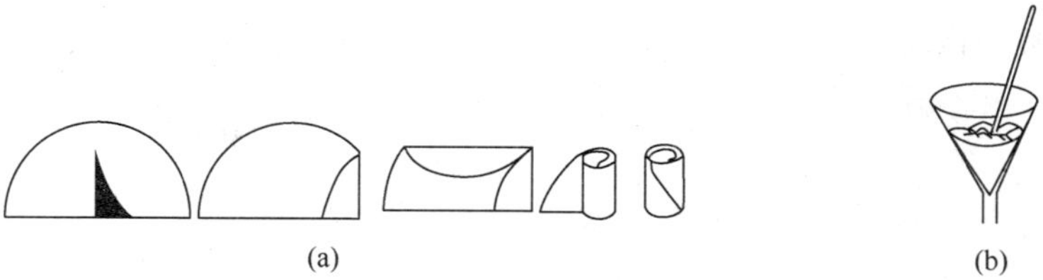

图 3-19　晶形沉淀的包裹（a）和胶状沉淀的包裹（b）

3）沉淀的干燥及滤纸的炭化和灰化

将装有沉淀包裹的瓷坩埚斜放在泥三角上，坩埚底部放在泥三角的一横边上，坩埚口则对准泥三角的顶角，坩埚盖斜倚在坩埚口的中部（图 3-20）。放好后，先用煤气灯火焰来回扫过坩埚，使其缓慢均匀受热，以防坩埚骤热破裂。然后将火焰移至坩埚盖中心之下，再用反射焰将滤纸和沉淀烘干。这一步操作不可过快，尤其对胶状沉淀，因其含有大量水分，很难一下烘干。如加热太猛，沉淀内部水分会迅速气化而挟带沉淀溅出坩埚，导致实验失败。待沉淀干燥后，将火焰移至坩埚底部，继续用小火加热，使滤纸炭化变黑。这时应注意不要让滤纸着火燃烧，以免火焰卷起的气流将沉淀微粒吹走。一旦着火，应立即把加热的火焰移开，用坩埚钳夹住坩埚盖将坩埚盖上，火焰即自行熄灭，切不可用嘴吹灭。稍等片刻后再打开坩埚盖，放好，用小火继续加热，直至滤纸完全炭化不再冒烟后，再逐渐加大火焰，并使氧化焰完全包住坩埚，烧至红热，并用坩埚钳夹住坩埚不断转动，使滤纸完全灰化呈灰白色（图 3-20）。

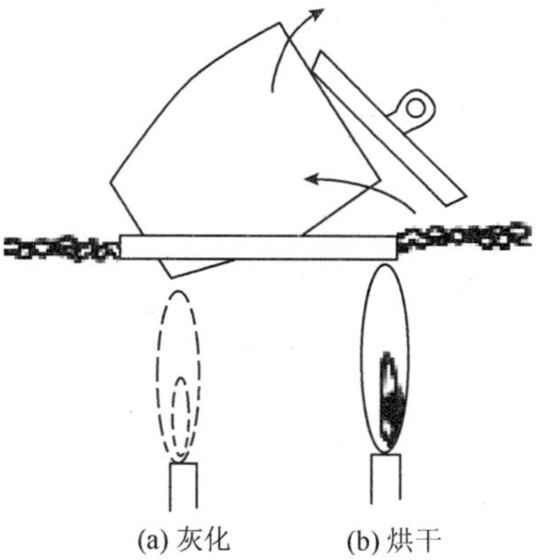

图 3-20　滤纸的灰化和沉淀的灼烧

4）沉淀的灼烧

滤纸灰化后，可将坩埚直立，用强火灼烧一定时间，视不同沉淀而定。例如，$BaSO_4$ 需 20min，$Mg_2P_2O_7$、Al_2O_3、SiO_2 需 30min，CaO 需 60min。灼烧后，让坩埚在泥三角上稍冷（约 30s），然后移至干燥器中，冷却至室温后称量。然后再灼烧 15min，冷却，称量至恒量。

滤纸灰化后，也可用特制的长坩埚钳，把坩埚移入马弗炉中，盖上坩埚盖（注意不要盖严），在实验指定温度下灼烧 20～30min。取出坩埚时，先将坩埚移至炉门旁边冷却片刻，然后取出放在泥三脚架上或石棉网上，稍冷却后，放入干燥器中冷却至室温，称量。再灼烧 15min，冷却，称量，直至恒量。

将热坩埚放入干燥器（不装干燥剂）后，不能马上盖严，防止：①里面的空气受热膨胀，将盖掀翻打碎；②放置冷却后，又由于里面空气冷却，压力降低，将盖吸住而打不开。应先将盖留一缝隙，稍等几分钟再盖严。冷却过程中可不时开闭一两次。

红热的坩埚不可立即放入干燥器，以免白瓷板炸裂。

当从干燥器中取出放有沉淀的坩埚时，应把干燥器的盖慢慢移向一边，以免进入干燥器的空气流吹散部分沉淀。因此，放有沉淀的坩埚上最好盖上盖。

微孔玻璃坩埚（或漏斗）只需烘干即可称量，一般将微孔玻璃坩埚（或漏斗）连同沉淀放在表面皿上，然后放入烘箱中，根据沉淀性质确定烘干温度。一般第一次烘干时间要长些，约 2h，第二次烘干时间可短些，45min～1h，根据沉淀的性质具体处理。沉淀烘干后，取出坩埚（或漏斗），置干燥器中冷却至室温后称量。反复烘干、称量，直至质量恒定为止。

第4章 基本实验

实验1 酸碱标准溶液的配制

一、实验目的

（1）掌握配制标准溶液的方法。
（2）学会配制酸碱的标准溶液。

二、实验原理

标准溶液是具有准确浓度，常用作滴定剂的溶液。标准溶液的配制有两种方法。

1. 直接法

准确称量一定量的基准物质，溶解后转移到容量瓶中，稀释到刻度，摇匀。根据基准物质的质量和容量瓶的体积，计算标准溶液的准确浓度。

2. 间接法

大多数化学试剂由于不易提纯或者不稳定等因素，不宜用直接法配制，通常采用间接法。间接法是先配制近似于所需浓度的溶液，然后再用基准物质或另一标准溶液来确定其准确浓度，此过程称为标定。

浓盐酸易挥发，市售浓盐酸浓度不确定。NaOH 固体具有很强的吸湿性，又易吸收空气中的CO_2，故采用间接法配制 HCl、NaOH 标准溶液。

三、仪器及试剂

试剂：浓盐酸，氢氧化钠。

仪器：电子天平（0.01g），量筒（10mL），量筒（1000mL），细口试剂瓶（1000mL），烧杯（100mL）。

四、实验步骤

1. 0.1mol· L^{-1} 盐酸标准溶液的配制

用量筒量取约 9mL 浓盐酸（ρ=1.19g· mL^{-1}，w=37%）置于 1000mL 玻璃细口试剂瓶中，用蒸馏水稀释至 1000mL，盖好瓶塞，充分摇匀。贴好标签，写上试剂名称、配制日期、姓名及专业，保存备用。

2. 0.1mol· L^{-1} 氢氧化钠标准溶液的配制

用电子天平迅速称取约 4g NaOH 固体于 100mL 烧杯中，立即加 30mL 无 CO_2 的蒸馏水溶解，然后转移到 1000mL 塑料试剂瓶中，用蒸馏水稀释至 1000mL，用胶皮塞塞紧，充分摇匀。贴好标签，写上试剂名称、配制日期、姓名及专业，保存备用。

五、思考题

（1）配制盐酸标准溶液时，为什么用量筒量取浓盐酸而不用移液管？

（2）配制氢氧化钠标准溶液时，为什么不用万分之一电子天平称取？

（3）配制盐酸标准溶液和氢氧化钠标准溶液，稀释时所用蒸馏水是否需准确量取？为什么？

实验2 酸碱的比较滴定

一、实验目的

（1）掌握滴定操作及滴定管的使用。

（2）掌握酚酞、甲基红指示剂的使用及终点颜色变化，准确确定终点的方法。

二、实验原理

氢氧化钠与盐酸的滴定反应为

$$NaOH + HCl = NaCl + H_2O$$

达到化学计量点时：

$$c(NaOH)\,V(NaOH) = c(HCl)\,V(HCl)$$

通过酸碱比较滴定，可确定化学计量点时酸碱的体积比。若知道其中任何一种溶液的准确浓度，根据它们的体积比就可以求出另一种溶液的浓度。

一定浓度的HCl和NaOH溶液相互滴定时所消耗溶液的体积比是一定的，改变被滴定溶液的量，终点时与所消耗滴定剂的体积比也是恒定值，故可以检验滴定操作技术及终点判断的准确度。

$0.1mol\cdot L^{-1}$ HCl溶液和$0.1mol\cdot L^{-1}$ NaOH溶液的比较滴定是强酸强碱的滴定，化学计量点pH=7.0，滴定突跃范围为4.30～9.70，突跃范围较大。凡是变色范围全部或部分落入突跃范围之内的指示剂，如酚酞、甲基红、甲基橙等都可以用来指示终点。通常选择颜色变化由浅变深，且颜色变化明显的指示剂。

NaOH滴定HCl，用酚酞作指示剂，终点时由无色变为粉红色。HCl滴定NaOH，用甲基红作指示剂，终点时由黄色变为橙色。

三、仪器及试剂

试剂：HCl（$0.1mol\cdot L^{-1}$），NaOH（$0.1mol\cdot L^{-1}$），酚酞，甲基红。

仪器：酸式滴定管（50mL），碱式滴定管（50mL），锥形瓶。

四、实验步骤

1. 滴定操作和滴定终点判断的练习

分别将$0.1mol\cdot L^{-1}$ HCl溶液和$0.1mol\cdot L^{-1}$ NaOH溶液装入酸式滴定管和碱式滴定管中，调节液面至零刻度线以上，赶除酸式滴定管活塞及碱式滴定管乳胶管下端的气泡，调节液面刻度为0.00～5.00。记录各自初读数。

1）NaOH滴定HCl

由酸式滴定管放出20mL HCl溶液于锥形瓶中，加入1～2滴酚酞指示剂，观察溶液颜色变化。然后从碱式滴定管中将 NaOH 溶液滴入锥形瓶中，边滴边摇动锥形瓶，直至加入 1 滴 NaOH 溶液落入锥形瓶溶液的瞬间，溶液出现粉色，再摇动，粉色立即消失，此时预示滴定接近终点，开始半滴加入，至溶液由无色变成浅粉色并在 30s 内不褪色为止，即为终点，记录读数。之后，再滴入 1 滴 HCl 溶液，至溶液变为无色，然后继续用 NaOH 溶液滴至浅粉色，记录两管的读数。如此反复滴加 NaOH 和 HCl 溶液，直到能做到加入半滴 NaOH 溶液恰好使溶液由无色变浅粉色，即能控制半滴溶液的滴入，并观察到终点颜色的变化。

2）HCl 滴定 NaOH

由碱式滴定管放出 20mL NaOH 溶液于锥形瓶中，加入 1～2 滴甲基红指示剂，观察溶液变黄色。然后从酸式滴定管中将 HCl 溶液滴入锥形瓶中，边滴边摇动锥形瓶，直至加入 1 滴 HCl 溶液落入锥形瓶溶液的瞬间，溶液出现红色，再摇动，红色立即消失，此时预示滴定接近终点，开始半滴加入，至溶液由黄色变成橙色为止，即为终点，记录两管的读数。之后，再滴入 1 滴 HCl 溶液，溶液变成红色，再用 NaOH 溶液滴至黄色。如此反复滴加 HCl 和 NaOH 溶液，直到能做到加入半滴 HCl 溶液恰好使溶液由黄色变成橙色，再加入半滴 NaOH 溶液恰好使溶液由橙色变黄色，即能控制半滴溶液的滴入，并观察到终点颜色的变化。

2. 酸碱标准溶液的比较滴定

将 $0.1mol \cdot L^{-1}$ HCl 溶液和 $0.1mol \cdot L^{-1}$ NaOH 溶液分别装入酸式滴定管和碱式滴定管零刻度线以上，赶除滴定管中下部的气泡，调节液面刻度为 0.00～5.00。记录初读数。由酸式滴定管放出 20～25mL HCl 溶液于锥形瓶中，加入 1～2 滴酚酞指示剂，用 NaOH 溶液滴至溶液由无色恰变为浅粉色并在 30s 内不褪色为止，记录 NaOH 溶液终读数。平行测定 3 次，计算 V（NaOH）/V（HCl）或 V（HCl）/V（NaOH），相对极差不得大于 0.3%。

五、实验记录及数据处理

NaOH 和 HCl 溶液体积比的测定

项目		I	II	III
HCl	终读数/mL			
	初读数/mL			
	V(HCl)/mL			

续表

项目		I	II	III
NaOH	终读数/mL			
	初读数/mL			
	V(NaOH)/mL			
V(NaOH)/V(HCl)				
平均 V(NaOH)/V(HCl)				
相对极差				

六、思考题

（1）滴定管在装入标准溶液前，为什么还需用该标准溶液润洗 3 次？用于滴定的锥形瓶是否也要用所装溶液润洗？为什么？

（2）用甲基红、酚酞两种指示剂进行酸碱比较滴定时，为什么 V(NaOH)/V(HCl) 酸碱体积比不相等？

（3）从滴定管放出溶液后，能否立即读数？为什么？

（4）平行测定两份相同的试液，若测定第一份试液用去标准溶液 24.25mL，测定第二份试液时，能否继续用剩余的溶液？为什么？正确的操作是什么？

实验 3　氢氧化钠溶液的标定

一、实验目的

（1）学习氢氧化钠溶液的标定方法。

（2）进一步熟练滴定操作。

二、实验原理

标定氢氧化钠溶液的基准物质有草酸($H_2C_2O_4·2H_2O$)和邻苯二甲酸氢钾($KHC_8H_4O_4$)。

草酸($H_2C_2O_4·2H_2O$)是二元弱酸，其 $K_{a_1}^{\ominus}=6.5\times10^{-3}$，$K_{a_2}^{\ominus}=6.1\times10^{-5}$。因为 $K_{a_1}^{\ominus}/K_{a_2}^{\ominus}<1.0\times10^{5}$，所以只能一步滴定到 $C_2O_4^{2-}$。滴定反应如下：

$$H_2C_2O_4 + 2NaOH == Na_2C_2O_4 + 2H_2O$$

$Na_2C_2O_4$ 为二元离子碱，其 $K_{b_1}^{\ominus}=K_w^{\ominus}/K_{a_2}^{\ominus}=1.0\times10^{-14}/6.1\times10^{-5}=1.6\times10^{-10}$，$K_{b_2}^{\ominus}=K_w^{\ominus}/K_{a_1}^{\ominus}=1.0\times10^{-14}/6.3\times10^{-3}=1.6\times10^{-12}$。

因为 $K_{b_1}^{\ominus}\gg K_{b_2}^{\ominus}$，且$(c/c^{\ominus})K_{b_1}^{\ominus}>20K_w^{\ominus}$，$(c/c^{\ominus})/K_{b_1}^{\ominus}>500$ 所以

$$c(OH^-)/c^{\ominus}=\sqrt{(c/c^{\ominus})K_{b_1}^{\ominus}}=\sqrt{0.033\times1.6\times10^{-10}}=2.3\times10^{-6}$$

$$pOH=5.64$$

所以化学计量点时，溶液 pH=8.36，呈弱碱性，可用酚酞作指示剂。标定氢氧化钠溶液浓度的计算公式如下：

$$c(NaOH)=\frac{2m(H_2C_2O_4\cdot2H_2O)}{M(H_2C_2O_4\cdot2H_2O)V(NaOH)}$$

邻苯二甲酸氢钾易得纯品，易溶于水，不含结晶水，在空气中不吸水，易保存，摩尔质量大（$204.2g·mol^{-1}$），它是标定氢氧化钠溶液较理想的基准物质。反应式如下：

$$KC_8H_4O_4 + NaOH == KNaC_8H_4O_4 + H_2O$$

邻苯二甲酸氢钾是邻苯二甲酸($K_{a_1}^{\ominus}=1.1\times10^{-3}$；$K_{a_2}^{\ominus}=3.9\times10^{-6}$)的共轭碱，其酸性较弱，滴定产物为邻苯二甲酸钾钠。

$C_8H_4O_4^{2-}$ 为二元离子碱，其 $K_{b_1}^{\ominus}=K_w^{\ominus}/K_{a_2}^{\ominus}=1.0\times10^{-14}/3.9\times10^{-6}=2.6\times10^{-9}$，$K_{b_2}^{\ominus}=K_w^{\ominus}/K_{a_1}^{\ominus}=1.0\times10^{-14}/1.1\times10^{-3}=2.6\times10^{-12}$。

因为 $K_{b_1}^{\ominus}\gg K_{b_2}^{\ominus}$，且$(c/c^{\ominus})K_{b_1}^{\ominus}>20K_w^{\ominus}$，$(c/c^{\ominus})/K_{b_1}^{\ominus}>500$，所以

$$c(\mathrm{OH^-})/c^{\ominus}=\sqrt{(c/c^{\ominus})K_{\mathrm{b_1}}^{\ominus}}=\sqrt{0.05\times2.6\times10^{-9}}=1.1\times10^{-5}$$

$$\mathrm{pOH}=4.96$$

所以化学计量点时，溶液 pH=9.04，呈弱碱性，可用酚酞作指示剂。

标定氢氧化钠溶液浓度的计算公式如下：

$$c(\mathrm{NaOH})=\frac{m(\mathrm{KHC_8H_4O_4})}{M(\mathrm{KHC_8H_4O_4})V(\mathrm{NaOH})}$$

本实验选用邻苯二甲酸氢钾作为基准物质来标定氢氧化钠溶液。

三、仪器及试剂

试剂：NaOH（$0.1\mathrm{mol\cdot L^{-1}}$），邻苯二甲酸氢钾（固体），酚酞。

仪器：碱式滴定管（50mL），锥形瓶，量筒（50mL），电子天平（0.0001g）。

四、实验步骤

准确称取 3 份邻苯二甲酸氢钾，每份 0.4～0.6g，分别置于已编号的锥形瓶中，各加约 30mL 蒸馏水溶解。稍加热，待冷却后，加 1～2 滴酚酞指示剂，用 $0.1\mathrm{mol\cdot L^{-1}}$ NaOH 溶液滴定至溶液呈浅粉色并在 30s 内不褪色为止，计算 NaOH 标准溶液的浓度，平行测定 3 次，结果的相对极差不得大于 0.3%。

五、实验记录及数据处理

氢氧化钠溶液的标定

项目	I	II	III
邻苯二甲酸氢钾和称量瓶质量/g			
倾出邻苯二甲酸氢钾和称量瓶质量/g			
邻苯二甲酸氢钾质量/g			
NaOH 终读数/mL			
NaOH 初读数/mL			
$V(\mathrm{NaOH})$/mL			
$c(\mathrm{NaOH})/(\mathrm{mol\cdot L^{-1}})$			
$\bar{c}\,(\mathrm{NaOH})/(\mathrm{mol\cdot L^{-1}})$			
相对极差			

六、思考题

（1）如何计算称取邻苯二甲酸氢钾的质量范围？称取的质量太大或太小对标定有何影响？

（2）准确称取的邻苯二甲酸氢钾置于锥形瓶中，锥形瓶是否需要预先干燥？为什么？

（3）溶解邻苯二甲酸氢钾时加 30mL 蒸馏水，用量筒量取还是用移液管吸取？为什么？

（4）用邻苯二甲酸氢钾标定氢氧化钠溶液时，为什么用酚酞而不用甲基红作指示剂？

实验4 盐酸溶液的标定

一、实验目的

（1）学习盐酸溶液的标定方法。

（2）进一步熟练滴定操作。

二、实验原理

标定盐酸的基准物质有无水碳酸钠和硼砂。

无水碳酸钠(Na_2CO_3)容易制纯，但吸湿性强，使用前必须在270～300℃加热后，放入干燥器中保存备用。加热温度不要超过300℃，否则将有部分Na_2CO_3分解为Na_2O。用碳酸钠标定盐酸的反应式如下：

$$Na_2CO_3 + 2HCl = 2NaCl + H_2O + CO_2$$

化学计量点时，溶液的pH=3.9，可用甲基橙或甲基橙-靛蓝作指示剂（终点时颜色由绿色变为灰色）。

标定盐酸溶液浓度的计算公式如下：

$$c(HCl) = \frac{2m(Na_2CO_3)}{M(Na_2CO_3)V(HCl)}$$

用碳酸钠作基准物质标定盐酸，因摩尔质量小，称量误差较大。

硼砂（$Na_2B_4O_7 \cdot 10H_2O$）摩尔质量（381.4g·mol^{-1}）大，称量误差小；无吸湿性，稳定，易制得纯品。硼砂含有结晶水，在空气中易风化失去部分结晶水，故需要保存在相对湿度为60%的装有糖或食盐饱和溶液的干燥器中。

用硼砂标定盐酸的反应式如下：

$$Na_2B_4O_7 + 2HCl + 5H_2O = 4H_3BO_3 + 2NaCl$$

H_3BO_3是一元弱酸($K_a^\ominus$=5.9×10^{-10})，其共轭碱$H_2BO_3^-$的碱性较强($K_b^\ominus$=1.75×10^{-5})，可被HCl滴定。化学计量点时，溶液的pH由H_3BO_3浓度决定。设用0.0500mol·L^{-1} $Na_2B_4O_7 \cdot 10H_2O$标定0.1000mol·L^{-1} HCl，化学计量点时，H_3BO_3的浓度为0.1000mol·L^{-1}，此时溶液的pH为

$$c(H_3O^+)/c^\ominus = \sqrt{c/c^\ominus K_a^\ominus} = \sqrt{0.1000 \times 5.0 \times 10^{-10}} = 7.6 \times 10^{-6}$$

$$pH=5.12$$

故用甲基红作指示剂。

标定盐酸溶液浓度的计算公式为

$$c(HCl) = \frac{2m(Na_2B_4O_7 \cdot 10H_2O)}{M(Na_2B_4O_7 \cdot 10H_2O)V(HCl)}$$

三、仪器及试剂

试剂：HCl（$0.1mol \cdot L^{-1}$），硼砂（固体），甲基红。

仪器：酸式滴定管（50mL），锥形瓶，量筒（50mL），电子天平（0.0001g）。

四、实验步骤

准确称取3份硼砂，每份0.4～0.6g，分别置于已编号的锥形瓶中，各加约30mL蒸馏水，摇动使其溶解，加2滴甲基红指示剂，用$0.1mol \cdot L^{-1}$ HCl溶液滴定，滴定至溶液由黄色变为橙色即为终点。计算HCl标准溶液的浓度，平行测定3次，结果的相对极差不得大于0.3%。

五、实验记录及数据处理

盐酸溶液的标定

项目	I	II	III
硼砂和称量瓶质量/g			
倾出硼砂后硼砂和称量瓶质量/g			
硼砂质量/g			
HCl 终读数/mL			
HCl 初读数/mL			
$V(HCl)/mL$			
$c(HCl)/(mol \cdot L^{-1})$			
$\bar{c}\ (HCl)/(mol \cdot L^{-1})$			
相对极差			

六、思考题

（1）如何计算称取硼砂的质量范围？称取的质量太大或太小对标定有何影响？

（2）Na_2CO_3作为基准物质使用前，为什么要在 270～300℃进行干燥？温度过高或过低，对标定结果有何影响？

实验5 食用醋中乙酸含量的测定

一、实验目的

（1）了解强碱滴定弱酸时指示剂的选择方法。
（2）学习移液管和容量瓶的使用方法。
（3）掌握食醋总酸度的测定原理。

二、实验原理

食醋中的主要成分是乙酸($K_a^\ominus=1.8\times10^{-5}$)，此外还有少量的其他弱酸，如乳酸等。凡是 $K_a^\ominus>1.0\times10^{-7}$ 的弱酸，均可被滴定，故测出的是总酸量。乙酸与 NaOH 的滴定反应式为

$$CH_3COOH + NaOH \xlongequal{} CH_3COONa + H_2O$$

化学计量点时，溶液 pH=8.7，故选用酚酞作指示剂。

食醋中含 3%～5%乙酸，浓度较大，可适当稀释后再滴定。如果食醋颜色较深时，需用中性活性炭脱色后再滴定。

计算醋酸含量的公式如下：

$$\rho(\text{HAc})=\frac{c(\text{NaOH})V(\text{NaOH})M(\text{HAc})}{V(\text{HAc})}\times稀释倍数$$

三、仪器及试剂

试剂：食醋，NaOH（$0.1000\text{mol}\cdot\text{L}^{-1}$），酚酞。

仪器：锥形瓶（250mL），碱式滴定管（50mL），容量瓶（250mL），移液管（25mL），洗耳球。

四、实验步骤

用移液管准确移取 25.00mL 食醋于 250mL 容量瓶中，用无 CO_2 的蒸馏水稀释至刻度，摇匀。

用移液管准确量取已经稀释的食醋 25.00mL 转移到 250mL 锥形瓶中，加入酚酞指示剂 2～3 滴，用氢氧化钠标准溶液滴定至锥形瓶里溶液呈浅红色，且在 30s 内不再褪色即为滴定终点，记录 V(NaOH)。计算乙酸的含量（以 $\text{g}\cdot\text{L}^{-1}$ 计），平行测定 3 次，平行测定的相对极差不得大于 0.3%。

五、实验记录及数据处理

食醋中总酸量的测定

$c(NaOH)/(mol \cdot L^{-1})$			
$V(HAc)/mL$			
	I	II	III
NaOH 终读数/mL			
NaOH 初读数/mL			
$V(NaOH)/mL$			
$\rho(HAc)/(g \cdot L^{-1})$			
$\bar{\rho}$ $(HAc)/(g \cdot L^{-1})$			
相对极差			

六、注意事项

（1）因食醋本身有很浅的颜色，而终点颜色又不够稳定，所以滴定近终点时要注意观察和控制。

（2）注意碱式滴定管滴定前要赶走气泡，滴定过程中不要形成气泡。

（3）NaOH 标准溶液滴定 HAc，属强碱滴定弱酸，CO_2 的影响严重，注意除去所用碱标准溶液和蒸馏水中的 CO_2。

七、思考题

（1）以酚酞为指示剂时，用碱滴定酸至溶液呈浅粉色为止，若放置一会出现什么现象？为什么？

（2）使用移液管时，为什么必须用所取溶液润洗？而容量瓶则不准用所装溶液润洗？

（3）测定乙酸含量时，为什么不能用含有 CO_2 的蒸馏水？若含有 CO_2，结果会怎样？

（4）测定乙酸时，为什么用酚酞作指示剂？而不用甲基红或甲基橙作指示剂？

实验6 氨水中氨含量的测定

一、实验目的

（1）巩固移液管和容量瓶的使用方法。

（2）学习用返滴法测定氨水中的氨含量。

二、实验原理

氨水是农用氮肥之一，其中主要成分NH_3为弱碱，$K_b^{\ominus}=1.8\times10^{-5}$，可用强酸滴定。但是，由于氨水容易挥发，因此常用返滴法（回滴法），即取一定量过量的HCl标准溶液，再加入一定量的氨水与HCl充分反应，剩余HCl用NaOH标准溶液返滴。

$$NH_3 + HCl（过量）=\!=\!= NH_4Cl$$

$$HCl（剩余）+ NaOH =\!=\!= NaCl + H_2O$$

用NaOH滴定HCl和NH_4Cl混合酸，只有HCl可被NaOH准确滴定而NH_4Cl不被滴定，因此化学计量点是NaCl和NH_4Cl的混合物，pH约为5.3，所以选用甲基红作为指示剂。

计算氨含量的公式如下：

$$\rho(NH_3)=\frac{[c(HCl)V(HCl)-c(NaOH)V(NaOH)]\cdot M(NH_3)}{V(NH_3)}$$

三、仪器及试剂

试剂：HCl溶液（$0.1000mol\cdot L^{-1}$），NaOH溶液（$0.1000mol\cdot L^{-1}$），氨水（$0.1mol\cdot L^{-1}$），甲基红。

仪器：酸式滴定管（50mL），碱式滴定管（50mL），移液管（25mL），锥形瓶（250mL），洗耳球。

四、操作步骤

从酸式滴定管中放出40.00mL HCl标准溶液于锥形瓶中，然后用移液管准确移取25.00mL已备好的氨水试样，放入盛有HCl标准溶液的锥形瓶中，加入2～3滴甲基红指示剂，用NaOH标准溶液进行滴定，直到溶液由红色变为橙色。

记录所用NaOH体积，计算$\rho(NH_3)$。平行测定3次，平行测定的相对极差不大于0.3%。

五、实验记录及数据处理

氨水含量的测定

$V(NH_3)$/mL			
$c(HCl)/(mol·L^{-1})$			
$c(NaOH)/(mol·L^{-1})$			
	I	II	III
HCl 终读数/mL			
HCl 初读数/mL			
$V(HCl)$/mL			
NaOH 终读数/mL			
NaOH 初读数/mL			
$V(NaOH)$/mL			
$\rho(NH_3)/(g·L^{-1})$			
$\bar{\rho}\ (NH_3)/(g·L^{-1})$			
相对极差			

六、思考题

（1）在哪些情况下需用返滴法？

（2）测定氨含量时能否用酚酞作为指示剂？

（3）如在盛有 HCl 标准溶液的锥形瓶中加入氨水后，滴加甲基红，溶液呈黄色，说明什么？应怎样解决？

实验7 纯碱的测定

一、实验目的

（1）掌握纯碱中总碱量的测定方法。

（2）了解混合指示剂法的使用及变色原理。

（3）了解双指示剂测定混合碱中各组分含量的原理。

二、实验原理

纯碱除含碳酸钠外，还含有 $NaHCO_3$ 及其他杂质。为了鉴定纯碱的质量，常用 HCl 标准溶液测定其总碱量，滴定反应为

$$2HCl + Na_2CO_3 \mathop{=\!=} 2NaCl + H_2O + CO_2\uparrow$$

滴定产物为 H_2CO_3，为二元酸，饱和时 $c(H_2CO_3)=0.04mol\cdot L^{-1}$，$H_2CO_3$ 的 $K_{a_1}^{\ominus}=4.3\times10^{-7}$，$K_{a_2}^{\ominus}=5.6\times10^{-11}$。

因为 $K_{a_1}^{\ominus}\gg K_{a_2}^{\ominus}$，且 $(c/c^{\ominus})K_{a_1}^{\ominus}>20K_{w}^{\ominus}$，$(c/c^{\ominus})/K_{a_1}^{\ominus}>500$，所以

$$c(H_3O^+)/c^{\ominus}=\sqrt{(c/c^{\ominus})K_{a_1}^{\ominus}}=\sqrt{0.04\times4.3\times10^{-7}}=1.31\times10^{-4}$$

$$pH=3.89$$

由于化学计量点时，溶液的 pH 为 3.89，故选用甲基橙作为指示剂，终点时溶液由黄色变为橙色。也可以选用甲基橙-靛蓝二磺酸钠混合指示剂，终点时溶液由绿色变为灰色。

纯碱的总碱量以 Na_2CO_3 的质量分数表示，计算公式如下：

$$w(Na_2CO_3)=\frac{c(HCl)V(HCl)M(Na_2CO_3)}{2m_s}\times100\%$$

还可以利用双指示剂法测定纯碱中 Na_2CO_3 和 $NaHCO_3$ 各组分的含量，用酚酞和甲基橙分别指示终点。测定时先加入酚酞指示剂，用 HCl 标准溶液滴定到溶液由红色恰变为无色（pH 约为 8.3），为第一终点，此时 Na_2CO_3 被中和，生成 $NaHCO_3$，消耗 HCl 标准溶液的体积为 V_1。滴定反应为

$$Na_2CO_3 + HCl \mathop{=\!=} NaHCO_3 + NaCl$$

再向溶液中加入甲基橙指示剂，继续用 HCl 标准溶液滴定至溶液由黄色变为橙色（pH 约为 3.9），为第二终点，此时 $NaHCO_3$ 全部被中和，生成 H_2CO_3，消耗 HCl 标准溶液的体积为 V_2。滴定反应为

$$NaHCO_3 + HCl \mathop{=\!=} NaCl + H_2CO_3$$

$$\qquad\qquad\qquad\qquad\qquad\qquad\qquad\qquad\qquad\qquad\qquad \lfloor\!\longrightarrow H_2O + CO_2\uparrow$$

根据 V_1、V_2 求算出试样中 Na_2CO_3 和 $NaHCO_3$ 的含量，计算公式如下：

$$w(Na_2CO_3)=\frac{\frac{1}{2}c(HCl)2V_1(HCl)M(Na_2CO_3)}{m_s}\times 100\%$$

$$w(NaHCO_3)=\frac{c(HCl)\left[V_2(HCl)-V_1(HCl)\right]M(NaHCO_3)}{m_s}\times 100\%$$

三、仪器及试剂

试剂：HCl（$0.1000mol\cdot L^{-1}$），纯碱试样，酚酞，甲基橙，甲基橙-靛蓝二磺酸钠混合指示剂，甲基红-百里酚蓝混合指示剂。

仪器：酸式滴定管（50mL），容量瓶（50mL），移液管（25mL），锥形瓶（250mL），小烧杯（100mL），电子天平（0.0001g）。

四、操作步骤

1. 纯碱中总碱量的测定

准确称取 1.5～2.0g 纯碱试样置于 100mL 小烧杯中，加 30mL 蒸馏水溶解，必要时可适当加热。冷却后，将溶液定量转移到 250mL 容量瓶中，加蒸馏水稀释至刻度，充分摇匀，备用。

用移液管准确移取 25.00mL 上述试液于锥形瓶中，加入 3 滴甲基橙-靛蓝二磺酸钠混合指示剂，用 HCl 标准溶液滴定至溶液由绿色变为灰色，即为终点。计算总碱量 $w(Na_2CO_3)$。平行测定 3 次，相对极差不得大于 0.3%。

注意：接近终点时，易形成 CO_2 过饱和溶液，使终点提前。因此，接近终点时，应剧烈摇动锥形瓶，防止 CO_2 过饱和。

2. 纯碱中 Na_2CO_3 和 $NaHCO_3$ 含量的测定

用移液管准确移取 25.00mL 上述试液于锥形瓶中，加入 2 滴酚酞指示剂（甲基红-百里酚蓝混合指示剂），用 HCl 标准溶液滴定至溶液由红色恰变为无色（紫色变为玫瑰红），记录消耗 HCl 的体积 V_1，再加入 1～2 滴甲基橙指示剂，继续用 HCl 标准溶液滴定至溶液由黄色变为橙色，记录消耗 HCl 的体积 V_2。计算 $w(Na_2CO_3)$、$w(NaHCO_3)$。平行测定 3 份，相对极差不得大于 0.3%。

注意：测定纯碱中 Na_2CO_3 和 $NaHCO_3$ 含量时，第一化学计量点是用酚酞作指示剂，由于突跃不大，终点指示剂变色不敏锐。另外，酚酞由红色变为无色，不易观察，造成终点误差大。故用甲基红-百里酚蓝混合指示剂效果比较好。

五、实验记录及数据处理

纯碱中总碱量的测定

纯碱和称量瓶质量/g			
倾出纯碱后纯碱和称量瓶质量/g			
纯碱试样质量/g			
试液总体积/mL			
测定时移取试样体积/mL			
	I	II	III
HCl 终读数/mL			
HCl 初读数/mL			
V(HCl)/mL			
$w(Na_2CO_3)$ /%			
$\overline{w}(Na_2CO_3)$ /%			
相对极差			

六、思考题

（1）采用双指示剂法测定混合碱，在同一份溶液中测定，试判断下列五种情况下，混合碱中存在的成分是什么？

①$V_1=0$；②$V_2=0$；③$V_1>V_2$；④$V_1<V_2$；⑤$V_1=V_2$。

（2）测定混合碱中总碱度，应选用何种指示剂？

（3）测定混合碱，接近第一化学计量点时，若滴定速度太快，摇动锥形瓶不够，致使滴定液 HCl 局部过浓，会对测定造成什么影响？为什么？

（4）标定 HCl 的基准物质无水 Na_2CO_3 如保存不当，吸收了少量水分，对标定 HCl 溶液浓度有何影响？

实验 8　天然水硬度测定

一、实验目的

（1）学习 EDTA 标准溶液的配制方法。

（2）了解金属指示剂变色原理及使用注意事项。

（3）掌握水的总硬度的测定方法。

二、实验原理

EDTA 是乙二胺四乙酸二钠盐[$M(Na_2H_2Y \cdot 2H_2O) = 372.24 g \cdot mol^{-1}$]，是一种有机氨羧配位剂，能与大多数金属离子形成 1∶1 配位比的螯合物，常用 EDTA 溶液作配位滴定的标准溶液。在要求不太严格的分析中，EDTA 溶液可用直接法配制，但通常采用间接法配制。标定 EDTA 溶液的基准物质有 Zn、ZnO、$CaCO_3$、Ni、Pb 等。一般选用与被测物质具有相同组分的物质作基准物质，这样可减少系统误差。

水的总硬度是指水中钙、镁离子的总浓度。总硬度的测定方法，国际标准、国家标准所指定方法均为以 EDTA 为滴定剂、铬黑 T 为指示剂的配位滴定法，适用于工业锅炉用水、生活饮用水、地下水及没有严重污染的地表水。

按国际标准法测定水的总硬度，是在 pH=10.0 的 NH_3-NH_4Cl 缓冲溶液中，以铬黑 T 为指示剂，用 EDTA 标准溶液滴定 Ca^{2+}、Mg^{2+}的总量。反应式如下：

滴定前：

$$Mg^{2+} + HIn^{2-}\text{（蓝）} = MgIn^{-}\text{（酒红）} + H^{+}$$

滴定开始至计量点前：

$$Mg^{2+} + H_2Y^{2-} = MgY^{2-} + 2H^{+}$$
$$Ca^{2+} + H_2Y^{2-} = CaY^{2-} + 2H^{+}$$

计量点时：

$$MgIn^{-}\text{（酒红）} + H_2Y^{2-} = MgY^{2-} + HIn^{2-}\text{（纯蓝）} + H^{+}$$

根据 EDTA 标准溶液的用量 V，水总硬度的计算公式如下：

$$\rho(CaCO_3) = \frac{c(EDTA)V(EDTA)M(CaCO_3)}{V(H_2O)}$$

三、仪器及试剂

试剂：EDTA（$Na_2H_2Y \cdot 2H_2O$，A.R.），NH_3-NH_4Cl 缓冲溶液（pH=10.0），铬黑 T 指示剂，HCl 溶液（1∶1），三乙醇胺。

仪器：分析天平（0.0001g），称量瓶，酸式滴定管（250mL），移液管（50mL），锥形瓶（250mL），烧杯，量筒。

四、实验内容

1. 0.01mol·L^{-1} 的 EDTA 溶液的配制

准确称取一定量 $Na_2H_2Y \cdot 2H_2O$ 于烧杯中，溶解（可微热），冷却后定量转移至 250mL 容量瓶中，定容。长期放置时，应储存于聚乙烯瓶中。

2. 水的总硬度测定

用 50.00mL 移液管吸取自来水样 50.00mL 于锥形瓶中，加入 NH_3-NH_4Cl 缓冲溶液 5mL 和少量铬黑 T 指示剂，此时溶液呈现酒红色。立即用 EDTA 滴定，并用力摇动溶液。以 EDTA 标准溶液滴定至该溶液自酒红色转变为纯蓝色，即为终点。平行测定两次，所消耗 EDTA 的体积相差不得超过 0.05mL。

若水中含有较多 HCO_3^-，可事先加入 2 滴 1∶1 HCl 溶液中和，煮沸除去 CO_2，冷却后再进行滴定。若水中含对指示剂铬黑 T 有封闭作用的 Fe^{3+}、Al^{3+}等，则应先加入三乙醇胺进行掩蔽。

五、实验记录及数据处理

编号	Ⅰ	Ⅱ	Ⅲ
V(水样)/mL			
EDTA 初读数/mL			
EDTA 终读数/mL			
V(EDTA)/mL			
$\rho(CaCO_3)/(g \cdot L^{-1})$			
$\bar{\rho}(CaCO_3)/(g \cdot L^{-1})$			
相对极差			

六、思考题

（1）酸度对配位滴定有何影响？为什么要加 NH_3-NH_4Cl 缓冲溶液？

（2）选择金属指示剂的原则是什么？为什么常将铬黑 T 配成固体混合剂，而不用铬黑 T 水溶液？

实验 9　高锰酸钾法测定 H_2O_2

一、实验目的

（1）掌握 $KMnO_4$ 标准溶液的配制与标定方法。

（2）掌握 $KMnO_4$ 法测定 H_2O_2 的测定方法。

二、基本原理

市售 $KMnO_4$ 试剂中常含有少量 MnO_2 及其他杂质，不易制纯，只能用间接法配制标准溶液。用于标定 $KMnO_4$ 溶液的基准物有 $Na_2C_2O_4$、$H_2C_2O_4\cdot 2H_2O$、$FeSO_4\cdot(NH_4)_2SO_4\cdot 6H_2O$、$As_2O_3$ 和纯铁丝等，其中 $Na_2C_2O_4$ 较为常用，因为它易提纯、性质稳定，其反应式为

$$2MnO_4^- + 5H_2C_2O_4 + 6H^+ = 2Mn^{2+} + 10CO_2\uparrow + 8H_2O$$

为使该反应顺利进行，应注意控制以下条件：

（1）温度。为加快反应速率，可将溶液加热至 75～85℃后进行滴定，滴定结束时溶液的温度不要低于 60℃。

（2）酸度。滴定初始，溶液中 c（H_2SO_4）应为 $0.5\sim1.0\text{mol}\cdot\text{L}^{-1}$，滴定结束时，应在 $0.2\sim0.5\text{mol}\cdot\text{L}^{-1}$ 为宜。

（3）滴定速度。该反应开始时比较缓慢，故滴定开始时速度也应很慢，待第一滴加入的 $KMnO_4$ 完全褪色后再加入第二滴，否则滴入的 $KMnO_4$ 未与 $Na_2C_2O_4$ 作用，就在酸中分解而引起误差，待产生一定量的 Mn^{2+}后，由于自动催化作用，反应被加速，滴定可按正常速度进行，至溶液出现粉红色，且在 30s 内不褪色，即为达到终点。

$KMnO_4$ 浓度的计算公式如下：

$$c(KMnO_4) = \frac{2m(Na_2C_2O_4)}{5M(Na_2C_2O_4)V(KMnO_4)}$$

H_2O_2 在工业、生物、医药等方面均有广泛的应用，因此常需测定其含量。市售 H_2O_2 含量约为 30%，浓度过大又极不稳定，因此测定时需要将其稀释使用。

室温下，在稀硫酸介质中，H_2O_2 可定量、迅速地被 $KMnO_4$ 氧化，因此可用高锰酸钾法测定其含量，反应式为

$$2MnO_4^- + 5H_2O_2 + 6H^+ = 2Mn^{2+} + 5O_2\uparrow + 8H_2O$$

H_2O_2 含量的计算公式如下：

$$\rho(H_2O_2) = \frac{5c(KMnO_4)V(KMnO_4)M(H_2O_2)}{2V(H_2O_2)}$$

工业用 H_2O_2 中常含有少量乙酰苯胺（作稳定剂）等具有还原性的有机物，它们将消耗 $KMnO_4$ 引起误差，在这种情况下，以采用碘量法为宜。

三、仪器及试剂

试剂：$KMnO_4$（A.R.），草酸钠（$Na_2C_2O_4$）基准试剂，H_2SO_4 溶液（$3mol·L^{-1}$），3%H_2O_2 溶液。

仪器：电子天平（0.01g），电子天平（0.0001g），称量瓶，酸式滴定管（50mL），移液管（25mL），锥形瓶（250mL），广口瓶，量筒，试剂瓶等。

四、实验内容

1. $0.02mol·L^{-1}$ 高锰酸钾溶液的配制

称取一定量的 $KMnO_4$ 于 500mL 烧杯中，加入约 400mL 蒸馏水溶解，加热至沸并保持微沸 15min，冷却后转移至广口瓶中，放置于暗处，一周后用微孔玻璃漏斗过滤，滤液保存于棕色瓶中，使用前需摇匀。

2. $0.02mol·L^{-1}$ 高锰酸钾溶液的标定

准确称取一定量的 $Na_2C_2O_4$ 于锥形瓶中，加入 30mL 蒸馏水使其溶解，加 10mL $3mol·L^{-1}$ H_2SO_4 溶液，加热至 75～85℃，趁热用待标定的 $KMnO_4$ 溶液滴定至浅粉红色并保持 30s 内不褪色即为终点。平行测定 3 次，根据消耗 $KMnO_4$ 溶液的体积和 $Na_2C_2O_4$ 的质量，可计算出 $KMnO_4$ 溶液的准确浓度。

3. H_2O_2 含量的测定

用移液管移取 25.00mL H_2O_2 试样于锥形瓶中，加 10mL $3mol·L^{-1}$ H_2SO_4 溶液，然后用 $KMnO_4$ 标准溶液滴定至溶液呈浅粉红色并保持 30s 内不褪色即为终点。平行测定 3 次，根据 $KMnO_4$ 标准溶液的浓度和消耗体积可计算出试样的浓度。

五、实验记录及数据处理

$KMnO_4$ 溶液的标定

项目	I	II	III
$m(Na_2C_2O_4)/g$			
$KMnO_4$ 初读数/mL			
$KMnO_4$ 终读数/mL			
$V(KMnO_4)/mL$			
$c(KMnO_4)/(mol·L^{-1})$			
$\bar{c}\ (KMnO_4)/(mol·L^{-1})$			
相对极差			

$KMnO_4$标准溶液测定H_2O_2

项目	I	II	III
$V(H_2O_2)$/mL			
$KMnO_4$初读数/mL			
$KMnO_4$终读数/mL			
$V(KMnO_4)$/mL			
$\rho(H_2O_2)/(g\cdot L^{-1})$			
$\overline{\rho}\ (H_2O_2)/(g\cdot L^{-1})$			
相对极差			

六、思考题

（1）$KMnO_4$溶液能否用滤纸过滤？为什么？

（2）用$Na_2C_2O_4$标定$KMnO_4$时，应注意哪些反应条件？

（3）用$KMnO_4$法测定H_2O_2含量时，能否用硝酸、盐酸或乙酸溶液来调节溶液酸度？为什么？

实验10 硫代硫酸钠标准溶液的配制与标定

一、实验目的

（1）了解硫代硫酸钠标准溶液的配制与标定方法。
（2）掌握碘量法的原理及测定条件。
（3）掌握碘量瓶的使用方法。

二、实验原理

硫代硫酸钠（$Na_2S_2O_3 \cdot 5H_2O$）一般都有含有少量杂质，如S、Na_2SO_3、Na_2SO_4、Na_2CO_3及NaCl等，易风化和潮解，因此需要先配制近似浓度的溶液再进行标定。

配制好的$Na_2S_2O_3$溶液不稳定，易受溶解在水中的CO_2、微生物及空气中的O_2作用发生反应。

$$Na_2S_2O_3 + CO_2 + H_2O = NaHCO_3 + NaHSO_3$$
$$Na_2S_2O_3 \xlongequal{\text{细菌}} Na_2SO_3 + S\downarrow$$
$$2Na_2S_2O_3 + O_2 = 2Na_2SO_4 + 2S\downarrow$$

因此配制$Na_2S_2O_3$溶液应使用新煮沸并冷却的去离子水，以除去水中的CO_2，并杀死微生物。配制时还需加入少量的Na_2CO_3，使溶液呈碱性，以抑制微生物生长。

光照下，$Na_2S_2O_3$溶液易分解，故$Na_2S_2O_3$溶液应储存在棕色瓶中，置于暗处1～2周后标定。放置时间较长的溶液，使用前应重新标定。若发现溶液变浑浊或有硫析出，应过滤后再标定或重新配制。

标定$Na_2S_2O_3$溶液的基准物质有$K_2Cr_2O_7$、KIO_3、$KBrO_3$等，这些物质在酸性介质中与过量的KI反应，定量析出I_2，析出的I_2以淀粉为指示剂，用$Na_2S_2O_3$溶液进行滴定至溶液蓝色消失，即为终点。

本实验以$K_2Cr_2O_7$为基准物质，相关反应如下：

$$Cr_2O_7^{2-} + 6I^- + 14H^+ = 2Cr^{3+} + 3I_2 + 7H_2O$$
$$I_2 + 2S_2O_3^{2-} = S_4O_6^{2-} + 2I^-$$

硫代硫酸钠标准溶液的计算公式如下：

$$c(Na_2S_2O_3) = \frac{6m(K_2Cr_2O_7)}{V(Na_2S_2O_3) \cdot M(K_2Cr_2O_7)}$$

三、仪器及试剂

试剂：$Na_2S_2O_3 \cdot 5H_2O$（A.R.，固体），Na_2CO_3（A.R.，固体），$K_2Cr_2O_7$（A.R.，固体，110～130℃干燥至恒量），KI溶液（10%），H_2SO_4溶液（$3mol \cdot L^{-1}$），淀粉指示剂（0.2%）。

仪器：电子天平（0.01g），分析天平（0.0001g），容量瓶（250mL），移液管（25mL），碱式滴定管（50mL），碘量瓶（250mL），烧杯（500mL），烧杯（100mL）。

四、实验步骤

1. 0.1mol·L^{-1} $Na_2S_2O_3$标准溶液的配制

用电子天平称取适量$Na_2S_2O_3·5H_2O$与少量Na_2CO_3于500mL烧杯中，加入新鲜煮沸并冷却至室温的去离子水使其溶解，稀释至500mL，储于棕色瓶中，在暗处放置一定时间后再标定。

2. 0.02mol·L^{-1} $K_2Cr_2O_7$标准溶液的配制

用分析天平精确称取适量$K_2Cr_2O_7$于100mL烧杯中，加30mL去离子水溶解，转移至250mL容量瓶中定容。

3. $Na_2S_2O_3$标准溶液的标定

用移液管移取25.00mL $K_2Cr_2O_7$标准溶液于250mL碘量瓶中，加入10mL 3mol·$L^{-1}$$H_2SO_4$溶液及20mL 10% KI溶液，加盖轻轻摇匀，水封，放在暗处反应5min。然后加水稀释至100mL，立即用$Na_2S_2O_3$标准溶液滴定使溶液由红棕色变至草黄色，加入2mL淀粉指示剂（观察实验现象，有何变化），继续滴定至蓝色刚好消失，溶液刚变绿色即为终点。平行测定3次，相对极差不得大于0.3%。

五、实验记录及数据处理

项目	I	II	III
$c(K_2Cr_2O_7)/(mol·L^{-1})$			
$V(K_2Cr_2O_7)/mL$			
$Na_2S_2O_3$初读数/mL			
$Na_2S_2O_3$终读数/mL			
$V(Na_2S_2O_3)/mL$			
$c(Na_2S_2O_3)/(mol·L^{-1})$			
$\overline{c}$ $(Na_2S_2O_3)/(mol·L^{-1})$			
相对极差			

六、注意事项

（1）$K_2Cr_2O_7$与KI反应慢，必须水封瓶口，在暗处放置5min保证反应完成。

（2）开始滴定前加水稀释溶液至弱酸性。因为在碱性条件下，$Na_2S_2O_3$被I_2氧化为Na_2SO_4，同时I_2自身发生歧化反应；强酸性介质中$Na_2S_2O_3$会分解，且I^-

易被空气氧化。

（3）滴定速度开始时要快滴（成串不成线）慢摇，加入淀粉后要慢滴快摇，变色后 30s 不褪色即为终点。

七、思考题

（1）配制硫代硫酸钠的去离子水为什么要煮沸？为什么要加少量 Na_2CO_3？

（2）标定硫代硫酸钠时，暗处放置时间过长或者过短，对实验有什么影响？

（3）标定硫代硫酸钠时，淀粉指示剂加入时间过早或者过晚对实验有什么影响？

（4）标定过程对溶液酸度有什么要求？

实验 11　硫酸铜中铜含量的测定（间接碘量法）

一、实验目的

掌握间接碘量法测定铜含量的原理和方法。

二、实验原理

碘量法是基于 I_2 的氧化性和 I^- 的还原性来滴定的氧化还原法，分为直接碘量法和间接碘量法。通常采用间接碘量法测定含铜物质（铜合金、铜盐、含铜农药等）的铜含量。

在弱酸性溶液中（pH=3～4），加入过量的 KI，Cu^{2+} 可被 KI 还原为 CuI，同时析出 I_2。

$$2Cu^{2+} + 4I^- = 2CuI\downarrow + I_2$$

反应析出的 I_2 用 $Na_2S_2O_3$ 标准溶液滴定，以淀粉为指示剂，间接测得铜的含量。

$$I_2 + 2S_2O_3^{2-} = 2I^- + S_4O_6^{2-}$$

由于 CuI 沉淀表面会吸附一些 I_2，滴定终点不明显，并影响准确度，故在接近化学计量点时，加入少量 KSCN，CuI（$K_{sp}^{\ominus}=1.1\times10^{-12}$）沉淀转变成 CuSCN（$K_{sp}^{\ominus}=1.1\times10^{-15}$），使被吸附的 I_2 从沉淀表面置换出来，减小实验误差并使终点明显，提高测定结果的准确度。

$$CuI + SCN^- = CuSCN\downarrow + I^-$$

假如试样中含有铁，Fe^{3+} 也可与 KI 作用析出 I_2，使结果偏高。

$$I_2 + 2S_2O_3^{2-} = 2I^- + S_4O_6^{2-}$$

故加入一定量的 NH_4HF_2，使 Fe^{3+} 生成不与 KI 作用的 $[FeF_6]^{3-}$，以消除干扰。NH_4HF_2 还可以作为缓冲剂，调节 pH 为 3.0～4.0。

铜含量的计算公式如下：

$$c(Cu^{2+}) = \frac{V(Na_2S_2O_3)c(Na_2S_2O_3)}{V(Cu^{2+})}$$

三、仪器及试剂

试剂：$Na_2S_2O_3$ 标准溶液，KI 溶液（10%），H_2SO_4 溶液（$3mol\cdot L^{-1}$），淀粉指示剂（0.2%），KSCN 溶液（20%），氨水（1∶1），NH_4HF_2 溶液（20%）。

仪器：酸式滴定管（50mL），移液管（25mL）。

四、实验步骤

用移液管移取 25.00mL 含有 Cu^{2+}的试液于 250mL 锥形瓶中，摇动条件下逐滴滴加氨水（1∶1）至溶液刚出现浑浊，加入 3mL NH_4HF_2 溶液，摇匀（观察实验现象），再加入 10mL KI 溶液。立即用 $Na_2S_2O_3$ 标准溶液滴定溶液由黄褐色变为土黄色，加入 2mL 淀粉指示剂，继续滴定至溶液呈浅蓝色，再加入 3mL KSCN 溶液（观察实验现象，有何变化），充分摇匀后继续滴定，直至蓝色刚好消失即为终点。平行测定 3 次，结果的相对极差不得大于 0.3%。

五、实验记录及数据处理

项目	I	II	III
$c(Na_2S_2O_3)/mol \cdot L^{-1}$			
$V(Cu^{2+})/mL$			
$Na_2S_2O_3$ 初读数/mL			
$Na_2S_2O_3$ 终读数/mL			
$V(Na_2S_2O_3)/mL$			
$c(Cu^{2+})/(mol \cdot L^{-1})$			
$\bar{c}\ (Cu^{2+})/(mol \cdot L^{-1})$			
相对极差			

六、注意事项

（1）反应的酸度范围应该在中性到弱酸性。碱性介质中，I_2 发生歧化反应；若酸性太强，$Na_2S_2O_3$ 分解。

（2）I_2 易挥发且易被空气氧化，所以生成 I_2 之后应立即滴定，且不能剧烈摇动溶液。

七、思考题

（1）间接碘量法测铜时为何必须在弱酸性条件下进行？

（2）为何通常用 NH_4HF_2 溶液调节溶液的酸度？

（3）间接碘量法测铜时为什么要加入过量的 KI？KI 在反应中的作用是什么？

（4）间接碘量法测铜时淀粉指示剂什么时候加？为什么临近终点加入 KSCN？

实验 12　$BaCl_2 \cdot 2H_2O$ 中钡含量的测定

一、实验目的

（1）了解重量分析法测定 $BaCl_2 \cdot 2H_2O$ 中钡含量的原理和方法。

（2）掌握晶形沉淀的制备、过滤、洗涤、灼烧及恒量的基本操作技术。

二、实验原理

重量分析法是通过称量物质的质量进行测定的分析方法。根据被测组分与其他组分的不同分离方法，可分为沉淀法、挥发法和电解法等。沉淀重量法是利用沉淀反应使待测组分以微溶化合物的形式沉淀出来，再使其转化为称量形式进行称量的方法。

$BaSO_4$ 晶形沉淀重量法通过控制适当的条件，使 Ba^{2+}和 SO_4^{2-} 反应，形成晶形沉淀。一定量的 $BaCl_2 \cdot 2H_2O$ 溶解后，用稀 HCl 溶液酸化，加热至微沸，在不断搅拌的条件下慢慢地滴加稀、热的 H_2SO_4，Ba^{2+}与 SO_4^{2-} 反应生成晶形沉淀。沉淀条件必须遵循“稀、热、慢、搅、陈”五字原则。沉淀经陈化、过滤、洗涤、烘干、炭化、灼烧后，以 $BaSO_4$ 形式称量，既可用于测定 Ba^{2+}，也可用于测定 SO_4^{2-} 的含量。

$BaSO_4$ 溶解度很小（100℃时溶解度为 0.4mg，25℃时溶解度为 0.25mg），组成相当稳定。在过量的沉淀剂存在时，$BaSO_4$ 溶解度大为减小，可以忽略不计。所以，本实验采用 H_2SO_4 作为沉淀剂，且过量 50%～100%。过量的硫酸在高温下可挥发除去，不会引起实验误差。

为了防止生成 $BaCO_3$、$BaHPO_4$ 沉淀及 $Ba(OH)_2$ 共沉淀，必须在酸性溶液中进行沉淀。同时，适当的提高酸度，增加 $BaSO_4$ 在沉淀过程中溶解度，以降低其相对过饱和度，有利于获得较好的晶形沉淀。通常在 $0.05mol \cdot L^{-1}$ HCl 溶液中进行沉淀。另外，样品中应不含有酸不能溶解物质、易于被吸附的离子（如 Fe^{3+}、NO_3^- 等离子）和 Pb^{2+}、Sr^{2+}，若含有它们必须要预先处理样品。沉淀经陈化、过滤、洗涤、炭化、灰化、灼烧后，以 $BaSO_4$ 形式称量，根据 $BaSO_4$ 的质量求出 Ba 含量。

样品中钡含量的计算公式如下：

$$w(Ba) = \frac{m(BaSO_4)M(Ba)}{M(BaSO_4)m_s} \times 100\%$$

三、仪器及试剂

试剂：HCl 溶液（$2mol\cdot L^{-1}$），$BaCl_2\cdot 2H_2O$（A.R.，固体），$AgNO_3$ 溶液（$0.1mol\cdot L^{-1}$），H_2SO_4 溶液（$1mol\cdot L^{-1}$），HNO_3 溶液（$2mol\cdot L^{-1}$）。

仪器：分析天平，瓷坩埚，坩埚钳，定量滤纸，干燥器，玻璃漏斗，漏斗架，表面皿，水浴锅，马弗炉，石棉手套。

四、操作步骤

1. 空坩埚的恒量

将两个洁净的坩埚放在 800～850℃马弗炉中灼烧。第一次灼烧 40min，取出，在干燥器中冷却至室温，称量。然后第二次灼烧 20min，取出后和上次相同冷却处理后称量。若两次称量质量之差不超过 0.3mg，则认为坩埚已经恒量，否则继续灼烧处理直至坩埚恒量。

2. 样品及沉淀的制备

在分析天平上用差减法准确称取 0.4～0.6g $BaCl_2\cdot 2H_2O$ 两份分别于 250mL 洁净的烧杯中，加入 70mL 去离子水溶解，再加入 2mL $2.0mol\cdot L^{-1}$ HCl 溶液，搅拌均匀，盖上表面皿，加热至 80℃以上。

另取 4mL $1mol\cdot L^{-1}$ H_2SO_4 两份于两个 100mL 烧杯中，加 50mL 水稀释，加热至近沸。然后在不断搅拌下，将两份热的 H_2SO_4 溶液分别逐滴加入两份热的 $BaCl_2\cdot 2H_2O$ 溶液中，加完后静置，待上层溶液澄清后，用 H_2SO_4 溶液检查沉淀是否完全。沉淀完全后，盖上表面皿（不要把玻璃棒拿出），将沉淀放在 98℃水浴中，保温 1h，陈化，期间搅动几次。陈化完全后取出自然冷却。

3. 沉淀的过滤、洗涤和灼烧

用慢速定量滤纸倾泻法过滤。待沉淀冷却至室温后，用稀 H_2SO_4（1mL $1mol\cdot L^{-1}H_2SO_4$ 加 100mL 水稀释得到）洗涤沉淀 3 次，每次约 15mL。第四次加入 15mL 酸洗涤后将沉淀搅匀形成悬浊液，将沉淀定量转移到滤纸上，用保存备用的滤纸角擦烧杯内壁及玻璃棒，并将此小片滤纸放于漏斗中，继续洗涤 5～6 次，直至沉淀洗涤中无 Cl^-（检查方法为：用表面皿随机接取洗液约 1mL，滴加 1 滴 $2mol\cdot L^{-1}$ HNO_3 溶液和 1 滴 $0.1mol\cdot L^{-1}$ $AgNO_3$ 溶液，若产生白色浑浊，则 Cl^- 没洗完全，继续洗涤；若无白色浑浊，则表示 Cl^- 洗涤完全）。用滤纸将沉淀包起来，放入恒量的坩埚中。经烘干、炭化、灰化后，在 800～850℃的马弗炉烧至恒量（第一次灼烧 1h，第二次灼烧 30min），灼烧和冷却处理条件与空坩埚的恒量一致。计算样品中 Ba^{2+} 的含量。

五、实验记录及数据处理

项目	坩埚编号	
	I	II
m_s/g		
灼烧后坩埚质量/g	1）	1）
	2）	2）
	3）	3）
坩埚质量平均值/g		
灼烧后（$BaSO_4$+坩埚）质量/g	1）	1）
	2）	2）
	3）	3）
灼烧后（$BaSO_4$+坩埚）质量平均值/g		
$BaSO_4$ 质量/g		
w(Ba)/%		
$\overline{w}$(Ba) / %		

六、注意事项

（1）理解晶形沉淀条件（稀、热、慢、搅、陈）在重量分析中的作用。

（2）沉淀的定量和纯净是影响实验结果的关键因素。因此，沉淀是否定量的检验及沉淀的洗涤操作最关键。

一般步骤：试料溶解→沉淀→陈化→过滤和洗涤→烘干→炭化→灰化→灼烧至恒量→计算结果。

（3）沉淀应完全转移至滤纸上。

（4）不能将玻璃棒倒放。

七、思考题

（1）为什么要在稀、热 HCl 溶液中且不断搅拌下逐滴加入沉淀剂沉淀 $BaSO_4$？HCl 加入太多有何影响？

（2）为什么要在热溶液中沉淀 $BaSO_4$，但要在冷却后过滤？晶形沉淀为何要陈化？

（3）什么是倾泻法过滤？洗涤沉淀时，为什么用洗涤液或水都要少量多次？

（4）什么是灼烧至恒量？

实验13 重铬酸钾容量法测定铁矿石中的全铁含量

一、实验目的

（1）掌握重铬酸钾标准溶液的直接配制法。

（2）了解氧化还原指示剂的变色原理。

（3）学习测定铁矿石全铁量的方法、原理，了解影响测定的条件。

二、实验原理

自然界中铁的分布非常广泛，目前已知铁矿物有300多种，主要品种有磁铁矿（Fe_3O_4）、赤铁矿（Fe_2O_3）、菱铁矿（$FeCO_3$）和褐铁矿（$Fe_2O_3 \cdot nH_2O$）。对铁矿石通常做全铁分析，测定铁的方法很多，含铁高的试样普遍采用氯化亚锡为还原剂的重铬酸钾容量法，有$SnCl_2$-$HgCl_2$-$K_2Cr_2O_7$法、$SnCl_2$-$TiCl_3$-$K_2Cr_2O_7$法。其中$SnCl_2$-$HgCl_2$-$K_2Cr_2O_7$法是样品用酸溶解后，用$SnCl_2$将Fe^{3+}还原为Fe^{2+}，过量的$SnCl_2$用$HgCl_2$氧化除去，这种方法简便、准确度高、测定速度快，但是实验过程中需要加入饱和$HgCl_2$溶液，由于每次实验汞的排放量远大于国家环保部门允许的最低排放量，造成严重的环境污染，影响人们的身体健康，因此目前多采用$SnCl_2$-$TiCl_3$-$K_2Cr_2O_7$法。

当铁矿石中铁的含量比较高时，单独使用$SnCl_2$或者$TiCl_3$还原Fe^{3+}，不能得到良好的效果，因此通常采用$SnCl_2$-$TiCl_3$联合还原法。

样品用HCl溶解：

$$Fe_2O_3 + 6H^+ + 8Cl^- = 2FeCl_4^- + 3H_2O$$

在热的浓盐酸溶液中先用$SnCl_2$将大部分Fe^{3+}还原为Fe^{2+}，

$$2FeCl_4^- + SnCl_4^{2-} + 2Cl^- = 2FeCl_4^{2-} + SnCl_6^{2-}$$

再用$TiCl_3$还原剩余的Fe^{3+}，以Na_2WO_4作指示剂，当Fe^{3+}被定量还原为Fe^{2+}后，稍过量的$TiCl_3$溶液会使溶液中作为指示剂的六价钨还原为蓝色的五价钨化合物，表示Fe^{3+}完全转化为Fe^{2+}，此时再滴入重铬酸钾溶液，使蓝色刚好褪色，消除少量还原剂的影响。

$$2Fe^{3+} + Ti^{3+} + 2H_2O = 2Fe^{2+} + TiO_2^+ + 4H^+$$

然后在硫磷混酸的介质中，加入二苯胺磺酸钠指示剂，以重铬酸钾标准溶液滴定至溶液呈现稳定的紫色即为终点。

$$Cr_2O_7^{2-} + 6Fe^{2+} + 14H^+ = 2Cr^{3+} + 6Fe^{3+} + 7H_2O$$

$K_2Cr_2O_7$易获得99.99%的纯品，在105～110℃温度下烘干后，可以直接配制成标准溶液，而且配制后的溶液稳定，在密闭的容器内可长期放置。

样品中全铁含量的计算公式如下：

$$w(\mathrm{Fe})=\frac{6c(\mathrm{K_2Cr_2O_7})V(\mathrm{K_2Cr_2O_7})M(\mathrm{Fe})}{m_s}\times 100\%$$

三、仪器及试剂

试剂：$K_2Cr_2O_7$ 基准试剂，铁矿石，HCl 溶液（$6mol\cdot L^{-1}$），$SnCl_2$ 溶液（10%），H_2SO_4-H_3PO_4 溶液，$TiCl_3$ 溶液（1.5%），Na_2WO_4 溶液（10%），$KMnO_4$（$0.02mol\cdot L^{-1}$），二苯胺磺酸钠（0.2%）。

仪器：酸式滴定管（50mL），锥形瓶（250mL），容量瓶（250mL），烧杯（100mL），电炉，表面皿，电子分析天平。

四、实验步骤

1. $0.02mol\cdot L^{-1}$ $K_2Cr_2O_7$ 标准溶液的配制

在分析天平上准确称取 1.2～1.5g（准确至 0.0001g）$K_2Cr_2O_7$，放入洗净的 100mL 烧杯中，加少量的蒸馏水溶解，定量转入 250mL 容量瓶中，定容后摇匀，计算其准确浓度。

2. 样品的分解与还原

准确称量铁矿石样品 0.2g（准确至 0.0001g），放入 250mL 锥形瓶中，加几滴水润湿样品，加入 25mL $6mol\cdot L^{-1}$ HCl 溶液，放在电炉上，缓慢加热溶液近沸（溶液沸腾三氯化铁易挥散），趁热在摇动的状态下滴加 $SnCl_2$ 溶液（10%），注意每滴加一滴 $SnCl_2$ 溶液后，都要充分摇动锥形瓶，不可连续滴加（防止 $SnCl_2$ 溶液过量），直至溶液由棕红色变为浅黄色，再将锥形瓶放在电炉上缓慢煮沸，使铁矿石分解完全，无黑色样渣即可。如果 $SnCl_2$ 溶液过量，可滴加 $KMnO_4$ 溶液至溶液重新出现浅黄色。

用少量水冲洗表面皿及锥形瓶内壁，并加入 30mL 水、8 滴 Na_2WO_4 溶液（10%），逐滴滴加 $TiCl_3$ 溶液（1.5%），并不断摇动，至溶液刚出现蓝色，再多加 1～2 滴，此时溶液温度控制在 30～50℃，温度高时可流水冷却。再向溶液中慢慢滴加稀 $K_2Cr_2O_7$ 溶液至蓝色消失，溶液接近无色为宜。

3. 滴定

溶液蓝色消失后立即用蒸馏水稀释溶液，至溶液总体积为 150mL 左右，加入 10mL H_2SO_4-H_3PO_4 溶液、5 滴二苯胺磺酸钠（0.2%），用 $K_2Cr_2O_7$ 标准溶液滴定至溶液为紫色即为终点。平行测定 3 次，相对极差应小于 0.3%。

五、实验记录及数据处理

$m(K_2Cr_2O_7)/g$			
$c(K_2Cr_2O_7)/(mol·L^{-1})$			
	I	II	III
m（样品）/g			
$K_2Cr_2O_7$ 终读数/mL			
$K_2Cr_2O_7$ 初读数/mL			
$V(K_2Cr_2O_7)/mL$			
$w(Fe)/\%$			
$\overline{w}$ (Fe)/%			
相对极差			

六、注意事项

（1）铁矿石中铜含量高对本实验有干扰。

（2）在分解过程中应注意温度和时间，温度太低或是太高，时间过长或过短都会导致实验溶解不完全。

（3）用 HCl 分解样品时，为避免三氯化铁挥散，不能将样品加热至沸腾，要盖上表面皿。

（4）为避免 Fe^{2+}被空气中的氧气氧化，平行测定样品时，三份样品不可以同时还原。

（5）加入 $SnCl_2$ 溶液不能过量，否则会使结果偏高。

（6）酸性溶液中 Fe^{2+}易被氧化，在样品被还原后应立即滴定。

七、思考题

（1）$SnCl_2$ 还原 Fe^{3+}的条件是什么？怎样控制 $SnCl_2$ 的用量？

（2）为什么用 $SnCl_2$-$TiCl_3$ 联合还原法？单独用一种还原对结果有何影响？

（3）本实验中加入硫磷混酸的目的是什么？

实验 14　磷钼蓝分光光度法测磷

一、实验目的

（1）学习 722N 型分光光度计的使用。

（2）掌握分光光度法测定试样中微量磷的方法。

二、实验原理

微量磷（浓度低于 $1mg \cdot L^{-1}$）的测定，一般采用钼蓝法。在一定的酸度下，磷酸与钼酸铵作用产生黄色的钼磷酸，反应式如下：

$$H_3PO_4 + 12H_2MoO_4 = H_3P(Mo_3O_{10})_4 + 12H_2O$$

钼磷酸在适当还原剂作用下，钼磷酸中部分正六价钼被还原生成低价钼蓝配合物，也称杂多蓝，根据生成杂多蓝的深浅可测定磷的含量。

常用的还原剂有 $SnCl_2$、硫酸亚铁铵、抗坏血酸、Zn+HCl、硫酸肼等。使用还原剂和酸的种类、反应的酸度和试剂的浓度，都会影响钼蓝颜色的深浅及稳定性。钼蓝法最常用的还原剂是 $SnCl_2$，用 $SnCl_2$ 作还原剂，反应灵敏度高，显色快，但生成物蓝色的稳定性较差，对酸度和钼酸铵试剂浓度要求比较严格，且干扰离子较多。

采用磷钼蓝分光光度法测磷时，需严格控制钼酸铵-硫酸混合试剂的用量和显色时间（10～12min），因放置时间过久，蓝色褪去，会导致实验失败。

钼蓝在 690nm 波长下进行测定。

三、仪器及试剂

试剂：

磷标准溶液（$\rho=50.00\mu g \cdot mL^{-1}$）：准确称取 0.2195g KH_2PO_4（分析纯）溶于 400mL 蒸馏水中，再加 5mL 浓 H_2SO_4，然后转移至 1L 容量瓶中，稀释至刻度，摇匀，备用。用时将此溶液稀释 10 倍，配制成 $\rho=5.00\mu g \cdot mL^{-1}$ 的标准溶液。

钼酸铵-硫酸混合液：用电子天平称取 25g 钼酸铵置于烧杯中，加入 200mL 蒸馏水溶解。将 280mL 浓 H_2SO_4 缓慢倒入 400mL 蒸馏水中，冷却。之后将钼酸铵溶液加入硫酸溶液中，并用蒸馏水稀释至 1L。

$0.1mol \cdot L^{-1}$ $SnCl_2$ 溶液：称取 6.8g $SnCl_2$ 置于烧杯中，加入 60mL 浓 HCl 并加热，溶解后，用蒸馏水稀释至 300mL。为防止 Sn^{2+} 氧化，需向溶液中加少量锡粒。

仪器：722N 型分光光度计，容量瓶（50mL），酸式滴定管（50mL），吸量管（10mL）。

四、实验步骤

1. 测绘吸收曲线

用吸量管移取标准磷溶液 6.00mL 于 50mL 容量瓶中，加约 25mL 蒸馏水，然后加入 2.5mL 钼酸铵-硫酸混合液，再滴加 4 滴 $SnCl_2$ 溶液，用蒸馏水稀释至刻度，摇匀，放置 10～12min。用 2cm 比色皿，以试剂空白溶液为参比，选择 420～720nm 波长，每隔 10nm 测一次吸光度，其中 660～720nm，每隔 5nm 测一次吸光度。每调一次波长，都要重新调节分光光度计的 T=0 和 T=100%。以波长 λ 为横坐标、吸光度 A 为纵坐标，在坐标纸上绘制 A-λ 曲线，从吸收曲线上确定进行测定的适宜波长。一般选用最大吸收波长 λ_{max} 用作测量波长。

2. 显色时间的选择

取两个 50mL 容量瓶，分别标记为 A、B。A 加 4mL 磷标准溶液，B 不加磷标准溶液。分别向 A、B 各加约 25mL 蒸馏水、2.5mL 钼酸铵-硫酸混合液，摇匀，再分别滴加 4 滴 $SnCl_2$ 溶液，用蒸馏水稀释至刻度。迅速以 B 溶液为参比溶液，在实验步骤 1 确定的测量波长处，用 2cm 比色皿测 A 溶液的吸光度，每隔 3min 测 1 次，直到 0.5h 后停止测量。以时间 t 为横坐标、吸光度 A 为纵坐标绘制 A-t 关系曲线，从曲线上确定显色时间。

3. 绘制标准曲线（工作曲线）

取 50mL 容量瓶 6 个，依次编号。用吸量管分别移取磷标准溶液 0.00mL、2.00mL、4.00mL、6.00mL、8.00mL、10.00mL 加入 1～6 号容量瓶中，各加约 25mL 蒸馏水、2.5mL 钼酸铵-硫酸混合液，初步摇匀，然后再分别滴加 4 滴 $SnCl_2$ 溶液，用蒸馏水稀释至刻度，摇匀。根据实验步骤 2 中确定的显色时间显色后，在实验步骤 1 确定的测量波长处，用 2cm 比色皿，以试剂空白溶液为参比溶液，测得各标准溶液的吸光度。以磷的浓度 ρ（$\mu g\cdot mL^{-1}$）为横坐标、吸光度 A 为纵坐标绘制 A-ρ 标准曲线。

4. 试液中磷含量的测定

用吸量管吸取磷试液 5.00mL，分别加入两个 50mL 容量瓶中，与标准磷溶液同样条件下显色、定容，然后测试液的吸光度。根据试液的吸光度，在标准曲线上可查出试液的浓度，最后计算原试液中含磷量 ρ（$\mu g\cdot mL^{-1}$）。

五、实验记录及数字处理

最大吸收波长 λmax 的测定

λ/nm	420	430	440	…	660	665	670	675	680	685	…
A											

显色时间的测定

t/min	3	6	9	12	…

试液中磷含量的测定

编号	1	2	3	4	5	6	试样 1	试样 2
ρ/(μg·mL^{-1})								
A								

原试液中含磷量 ρ(μg·mL^{-1})=从标准曲线上查得的待测液浓度×稀释倍数

六、注意事项

（1）钼酸铵-硫酸混合液应用滴定管加入，体积要准确，否则会因酸度控制不合适而导致不显色。

（2）显色时间不可过长，否则蓝色褪去，导致实验失败。

（3）比色皿易附着蓝色，实验完毕后，应及时用盐酸-乙醇（1∶2）洗涤剂浸泡，再用水清洗。

七、思考题

（1）哪些因素会影响实验的测定？

（2）在本实验中应该注意哪些事项？

附　722N 型分光光度计的使用

1. 工作原理

722N 型分光光度计是根据朗伯-比尔定律而设计的，当溶液中的物质在光的照射激发下，对光产生了吸收，而且物质对光的吸收具有选择性，因此当某单色光通过溶液时，其能量就会被吸收而减弱，光能量减弱的程度和物质的浓度有一定的比例关系。

722N 型可见分光光度计采用光栅自准式色散系统和单光束结构光路，如图 4-1 所示。

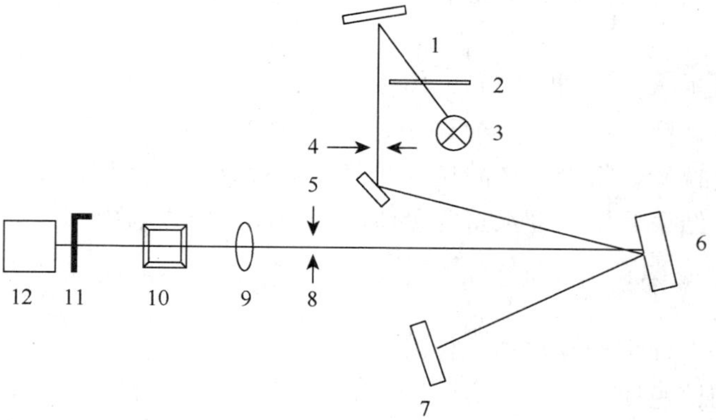

图 4-1 722N 型可见分光光度计光路图

1. 聚光镜；2. 滤色片；3. 钨卤素灯；4. 进狭缝；5. 反射镜；6. 准直镜；7. 光栅；8. 出狭缝；9. 聚光镜；10. 样品架；11. 光门；12. 光电池

722N 型可见分光光度计外形结构如图 4-2 所示。

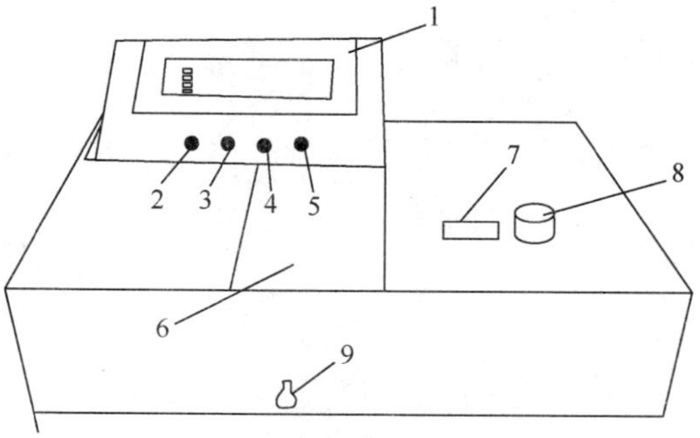

图 4-2 722N 型可见分光光度计外形结构

1. 数字显示器；2. A/T/C/F 键；3. ▽/0%；4. △/100%；5. SD 键；6. 样品室；7. 波长刻度窗；8. 波长手轮；9. 试样架拉杆

2. 操作步骤

（1）插上电源，打开开关，打开试样室盖，按“A/T/C/F”键，选择“T 状态，选择测量所需波长，预热 30min。

（2）装有参比溶液和试样的比色皿依次放入比色皿架中，注意比色皿用溶液润洗，装液到比色皿的 3/4 处，用吸水纸吸干比色皿外部所沾的液体，将比色皿的光面对准光路放入比色皿架。

（3）保持在“T”状态，轻轻地关上试样室盖，屏幕显示“100.0”，如不是，按“△/100%”键，反复若干次，直至屏幕显示“100.0”。

（4）打开试样室盖，屏幕显示“000.0”，如不是，按“▽/0%”键，直至屏幕显示“000.0”。

（5）重复步骤（3）和（4）2～3 次。

（6）关上试样室盖，按“A/T/C/F”键，调到“Abs”状态。

（7）拉动拉杆，将测试样品拉入光路，记录吸光度 A 值。

（8）测定结束后用蒸馏水将比色皿清洗干净，放入盒内。

3. 使用注意事项

（1）开关试样室盖及拉动拉杆时动作要轻缓。

（2）使用比色皿时手指应拿磨砂玻璃面。

（3）在仪器上方倾倒测试样品，以免样品污染仪器表面。

（4）将比色皿外部所沾样品擦干净，才能放进比色皿架进行测定。

（5）每次调整波长后，应重新调透光度。

实验15　磺基水杨酸分光光度法测定铁

一、实验目的

（1）学习分光光度计的使用。

（2）掌握测定试样中微量铁的方法。

二、实验原理

磺基水杨酸（$C_6H_3SO_3H\cdot OH\cdot COOH$）是分光光度法测定铁的有机显色剂。磺基水杨酸与 Fe^{3+} 可形成稳定的配合物，但溶液的 pH 不同，形成的配合物组成也不同。在 pH=8.0～11.5 的氨性溶液中，Fe^{3+} 与磺基水杨酸反应生成黄色的三磺基水杨酸铁配合物，反应式如下：

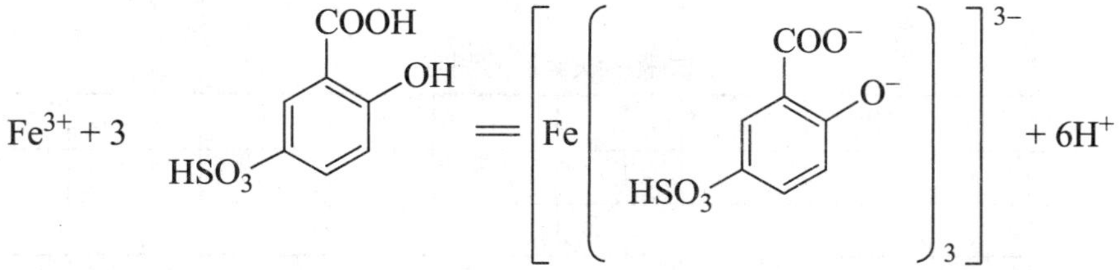

该配合物很稳定，试剂用量和溶液酸度略有改变都无影响。显色时间长，对配合物颜色也不会产生影响。

F^-、NO_3^-、PO_4^{3-} 等离子不影响测定。Ca^{2+}、Mg^{2+} 及 Al^{3+} 等与磺基水杨酸能生成无色的配合物，不会干扰测定。若 Cu^{2+}、Co^{2+}、Ni^{2+}、Cr^{3+} 等离子大量存在时，会干扰测定，应加以掩蔽或预先进行分离处理。

在碱性溶液中，由于 Fe^{2+} 易被氧化，故采用本法测定的是溶液中铁的总含量。

磺基水杨酸铁配合物在碱性溶液中的最大吸收波长为 420nm，$\varepsilon_{420}=5.8\times10^3 L\cdot mol^{-1}\cdot cm^{-1}$。

三、仪器及试剂

试剂：磺基水杨酸溶液（10%），氨水（1∶10），NH_4Cl（10%）。

铁标准溶液（$\rho=0.0500mg\cdot mL^{-1}$）：用电子天平准确称取 0.1080g 分析纯的硫酸亚铁铵[$NH_4Fe(SO_4)_2\cdot 12H_2O$]于烧杯中，加少量蒸馏水溶解，然后加入 8mL $3mol\cdot L^{-1}$ H_2SO_4，转移到 250mL 容量瓶中，稀释至刻度，摇匀，备用。

仪器：722N 型分光光度计，容量瓶（50mL），吸量管（10mL）。

四、实验步骤

1. 绘制标准曲线（工作曲线）

取 50mL 容量瓶 6 个，依次编号。分别吸取铁标准溶液 0.00mL、1.00mL、

2.00mL、3.00mL、4.00mL、5.00mL 加入 1～6 号容量瓶中，然后各加 4mL NH_4Cl、2.00mL 磺基水杨酸溶液，再分别滴加 1∶10 氨水至溶液变成黄色后，再多加 4mL，初步摇匀。用蒸馏水稀释至刻度，充分摇匀。选择 420nm 波长，用 1cm 比色皿，以试剂空白溶液为参比溶液，分别测得各标准溶液的吸光度。以铁标准溶液浓度 ρ（$mg \cdot mL^{-1}$）为横坐标、吸光度 A 为纵坐标绘制 A-ρ 标准曲线。

2. 试液中铁含量的测定

用吸量管吸取铁试液 3.00mL，分别加入两个 50mL 容量瓶中。然后与铁标准溶液同样条件下显色、定容、测试液的吸光度。根据试液的吸光度 A 值，在标准曲线上可查出试液中铁的浓度，最后计算原试液中含铁量 ρ（$mg \cdot mL^{-1}$）。

五、实验记录及数字处理

试液中铁含量的测定

编号	1	2	3	4	5	6	试样 1	试样 2
ρ/（$mg \cdot mL^{-1}$）								
A								

六、思考题

（1）用磺基水杨酸法测铁为什么需在 pH=8.0～11.5 的氨性溶液进行？

（2）测定步骤中，为什么先加 NH_4Cl，后加磺基水杨酸，再用氨水调至所需的 pH？

实验16 自来水中氯含量的测定

一、实验目的

（1）了解氯离子选择性电极的性能及其测定方法。

（2）掌握用氯离子选择性电极测定氯离子浓度的基本原理。

（3）掌握氯离子选择性电极的使用方法。

二、实验原理

离子选择性电极品种很多，应用广泛，其共同特点都是具有一个敏感元件——选择性薄膜。这种敏感膜具有将试液中某种离子的活度转换成相应的电极电势的功能，并且二者呈线性函数关系。

本实验所用的氯离子选择性电极是把 AgCl 和 Ag_2S 的沉淀混合物压成膜片，作为电极的敏感膜，用塑料管作为电极管，敏感膜封在塑料管下端，并以全固态工艺制成。在测定过程中，氯离子选择性电极为指示电极，双液接饱和甘汞电极为参比电极，插入含氯离子的试液中组成工作电池。当氯离子浓度在 1.0×10^{-1}～$5.0\times10^{-5}\text{mol}\cdot\text{L}^{-1}$ 时，在一定的条件下，电池电动势 E 与氯离子活度（浓度）的对数呈线性关系。

$$E = K - \frac{2.303RT}{nF}\lg\frac{c(\text{Cl}^-)}{c^\ominus}$$

测定自来水中氯离子的含量有标准曲线法和标准加入法，本实验采用标准曲线法。由上式可知，K 与参比电极及溶液中氯离子活度系数有关，与温度和敏感膜片的制作工艺有关，在一定的实验条件下可以看作常数，R 是摩尔气体常量，F 为法拉第常量，T 为热力学温度，n 为电池反应中转移的电子数，因此 E 与 $\lg\frac{c(\text{Cl}^-)}{c^\ominus}$ 之间呈线性关系。将氯离子选择性电极与参比电极插入一系列已知浓度的标准溶液中，测出不同 $c(\text{Cl}^-)$值时的电动势值 E，作 E-$\lg\frac{c(\text{Cl}^-)}{c^\ominus}$ 图，确定其测量范围。在同样条件下，测出待测溶液的电动势值，就可以从图中求出与待测溶液电动势值相对应的 Cl^-浓度。

在实验分析过程中，需要加入总离子浓度调节缓冲溶液（TISAB），它是一种对测定离子无干扰的高离子强度电解质溶液，它可以使溶液的离子强度维持恒定，还可以控制溶液的 pH，掩蔽干扰离子。

三、仪器及试剂

试剂：Cl^-标准溶液（$0.0500\text{mol}\cdot\text{L}^{-1}$），TISAB 溶液。

仪器：pHS-3C 酸度计，电磁搅拌器，217 型饱和甘汞电极，氯离子选择性电极，烧杯（50mL），容量瓶（50mL），移液管（25mL），吸量管（1mL），吸量管（5mL），吸量管（10mL）。

四、实验步骤

（1）将氯离子选择性电极和双液接甘汞电极连接到 pHS-3C 酸度计上，开启仪器开关，预热仪器。

（2）将酸度计选择开关置于电位 mV 挡，连接电磁搅拌器。在 100mL 烧杯中加入适量的蒸馏水，放入搅拌子，将氯离子选择性电极和双液接甘汞电极浸没在蒸馏水中，开启电磁搅拌器搅拌 2min，反复多次更换蒸馏水，直至将氯电极洗到电极的空白电动势值。

（3）5 个洁净的 50mL 容量瓶按顺序编号，分别吸取 $0.0500mol \cdot L^{-1}$ Cl^-标准溶液 0.50mL、1.00mL、2.50mL、5.00mL、10.00mL 放入已编号的容量瓶中，在每个瓶中各加入 1.00mL TISAB 溶液，用蒸馏水稀释至刻度，摇匀。

（4）取 2 个洁净的 50mL 容量瓶，编号，各吸取 25.00mL 自来水样品，放入已编号的容量瓶中，在每个瓶中各加入 1.00mL TISAB 溶液，用蒸馏水稀释至刻度，摇匀。

（5）将步骤（3）中准备的 5 个标准系列溶液，分别倒入 5 个 50mL 烧杯中，浸入已洗至空白值的氯电极和双液接甘汞电极，用电磁搅拌器搅拌溶液 2min 后，停止搅拌，待读数稳定后，读取并记录电动势值（mV）。测量的顺序按照溶液由稀到浓的次序测定。

（6）测过标准溶液的氯电极用蒸馏水冲洗，并用蒸馏水洗至空白值，然后将样品溶液倒入 50mL 烧杯中，再测定样品溶液的电动势值（mV）。测完样品后应将氯电极用蒸馏水冲洗，并洗至空白值，再测定另一份样品。

（7）以测得的标准溶液电动势值（mV）为纵坐标，相应的 pCl 为横坐标绘制出标准曲线，从标准曲线上查出所对应的 c（Cl^-）值，再换算成自来水中的氯含量 ρ（Cl^-）（$mg \cdot mL^{-1}$）。

五、实验记录及数字处理

（1）数据记录如下：

项目	标 1	标 2	标 3	标 4	标 5	样品 1	样品 2
$c(Cl^-)/(mol \cdot L^{-1})$							
pCl							
E/mV							

（2）绘制 E-pCl 曲线，并从曲线上查出样品溶液的浓度。

（3）计算样品溶液中的氯含量。

六、注意事项

（1）氯电极有光敏作用，使用时避免强光照射。

（2）测定电动势时电磁搅拌器搅拌溶液 2min 后停止搅拌，待读数稳定后读数。

（3）氯离子选择性电极在使用前应在 $0.001\text{mol}\cdot\text{L}^{-1}$ KCl 溶液中浸泡活化 1h，在使用前用蒸馏水将氯电极洗至空白值方可使用。

（4）测定标准溶液的电动势值应由稀到浓依次进行，以免带入较大误差。

（5）测完样品后应将氯电极用蒸馏水冲洗，并洗至空白值，再测定另一份样品。

（6）实验的参比电极采用双液接甘汞电极，包括内盐桥和外盐桥，由一个陶瓷塞相连。在使用前应拔去加在 KCl 溶液小孔处的橡皮塞，以保持足够的液压差，注意电极内盐桥溶液中不能有气泡，外盐桥溶液不能长期使用，应在每次实验后将其倒掉洗净，在下次使用时重新加入。饱和盐桥溶液中应该保留少许晶体。

七、思考题

（1）TISAB 溶液在本实验中的作用是什么？

（2）本实验在测定过程中都有哪些干扰因素？

实验 17　电位滴定法测定乙酸的含量及其解离常数

一、实验目的

（1）学习测定乙酸溶液的电位滴定法，掌握电位滴定的基本操作。

（2）学会滴定曲线的绘制。

（3）学会运用二级微商法确定滴定终点。

（4）学习测定弱酸解离常数的原理和方法。

二、实验原理

电位滴定法是根据在滴定过程中指示电极和参比电极的电势差或溶液 pH 的突跃来确定终点的方法。电位滴定不受待测溶液是否浑浊、是否有色的限制，进行滴定时，在被测溶液中插入指示电极和参比电极，组成工作电池，同时用电磁搅拌器搅拌，随着滴定剂的不断加入，被测物与滴定剂发生反应，溶液电势值及 pH 不断变化。每加入一定量的滴定剂，需要测量一次相应的电势值或 pH，在接近化学计量点时，由于离子浓度发生突变，相应的电动势变化快，每加 0.1～0.2mL 滴定剂就要测量一次电势值或 pH，直到超过化学计量点为止。这样就得到一系列滴定剂用量 V 和相应的电势值或 pH 数据。

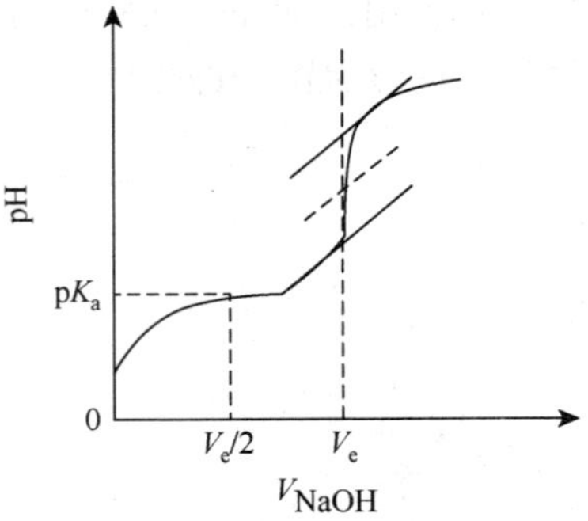

图 4-3　pH-V 曲线

常用的确定滴定终点的方法有以下几种：

（1）pH-V 曲线法。以滴定剂用量 V 为横坐标、pH 为纵坐标，绘制 pH-V 曲线。作两条与滴定曲线相切的直线，等分线与直线的交点即为滴定终点，如图 4-3 所示。

（2）$\Delta pH/\Delta V$-V 曲线法，又称一阶微商曲线法。$\Delta pH/\Delta V$ 代表 pH 变化值的一次微商与对应的加入滴定剂体积的增量（ΔV）的比。$\Delta pH/\Delta V$-V 曲线的最高点即为滴定终点，如图 4-4 所示。

（3）（$\Delta^2 pH/\Delta V^2$）-V 曲线，又称为二次微商曲线法。根据 $\Delta pH/\Delta V$-V 曲线的最高点即 $\Delta^2 pH/\Delta V^2=0$，确定滴定终点。该法可不用绘图，直接由内插法计算确定滴定终点，如图 4-5 所示。

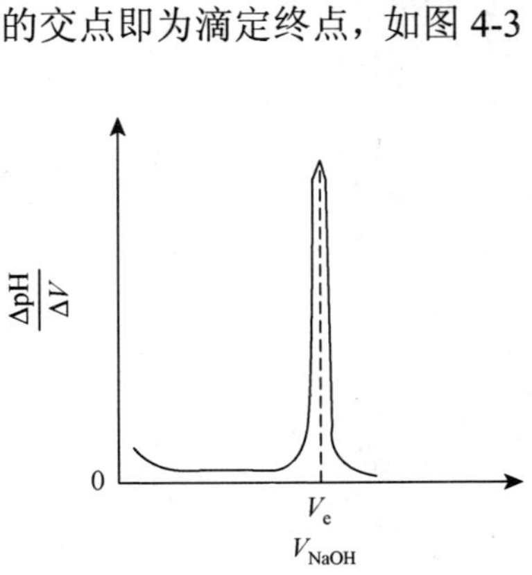

图 4-4　一阶微商曲线

确定滴定体积后，可以计算乙酸样品的浓度和乙酸的解离常数。从 pH-V 曲线上查出 HAc 被中和一半，即（1/2）V_e时的 pH，此时 pH=p$K_a^\ominus$，从而计算乙酸的解离常数 $K_a^\ominus$。

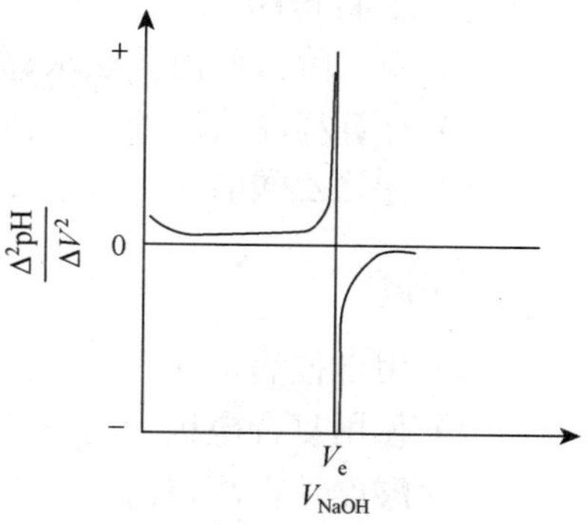

图 4-5 二阶微商曲线

三、仪器及试剂

试剂：HAc（0.05mol·L^{-1}），NaOH 标准溶液（0.1000mol·L^{-1}），pH=4.00（25℃）的标准缓冲溶液，pH=6.86（25℃）的标准缓冲溶液。

仪器：pHS-3C 酸度计，电磁搅拌器，碱式滴定管（50mL），烧杯（100mL），移液管（25mL），复合电极。

四、实验步骤

（1）将酸度计电极安装好，接通仪器的电源，仪器预热 30min。

（2）用 pH=4.00 和 pH=6.86 的标准缓冲溶液对酸度计进行校准。

（3）准确移取 25.00mL 乙酸样品溶液，放入 100mL 的烧杯中，将复合电极浸入样品溶液液面下，测定此时的 pH 并记录。

（4）碱式滴定管中加入 0.1000mol·L^{-1} NaOH 标准溶液，调整初始液面，向样品溶液中滴加 NaOH 标准溶液，开始时每次滴加 0.50～1.00mL，搅拌均匀，测定并记录相应的 pH。接近终点时每间隔 0.10mL 滴加一次，搅拌均匀，记录相应的 pH 读数。pH 突跃后，恢复到每隔 0.50～1.00mL 记录一次 pH，直至超过终点 2～3mL，停止滴定。

五、实验记录及数据处理

用 c=________mol·L^{-1} NaOH 标准溶液滴定乙酸溶液

V（NaOH）	pH	ΔpH	ΔV	$\frac{\Delta pH}{\Delta V}$	$\bar{V}$	Δ$\bar{V}$	$\Delta(\frac{\Delta pH}{\Delta V})$	$\frac{\Delta^2 pH}{\Delta V^2}$

（1）绘制 pH-V 曲线。

（2）用二阶微商内插法求算滴定终点 V_e。

（3）计算样品溶液的浓度值 c（HAc）（$mol \cdot L^{-1}$）。

（4）计算乙酸的解离常数 $K_a^{\ominus}$。

六、思考题

（1）用电位滴定法确定终点与指示剂法相比有何优缺点？

（2）使用复合电极应注意些什么？

（3）酸度计在测定前为什么要用标准缓冲溶液校准？

第5章　综合、设计实验

实验18　水中化学耗氧量的测定

一、实验目的

（1）了解测定水中化学耗氧量的意义。

（2）掌握高锰酸钾法测定水中化学耗氧量的方法。

二、实验原理

化学耗氧量（COD）是度量水体受还原性物质（主要是有机物）污染程度的综合性指标，是环境水质标准及废水排放标准的其中一个控制项目。

化学耗氧量是指在一定条件下，水体中易被强氧化剂氧化的还原性物质所消耗的氧化剂的量，换算成氧的量$\rho(O_2)(mg \cdot L^{-1})$表示。

水中除含有阴离子 S^{2-}、NO_2^-，阳离子 Fe^{2+}等无机还原物质外，还含有少量的有机物质，有机物质容易发生腐烂使水中的微生物繁殖，从而污染水质。水中COD量高，则呈现黄色，显酸性，对蒸气锅炉有侵蚀作用。若作为饮用水，则直接危害人、畜的健康，因此需要监控和测定，为评价水的质量提供数据。但不能单纯地靠 COD 的数值来判断水被有机物污染的程度，还必须结合水的色度、有机氮或蛋白质进行综合判断。

一般采用高锰酸钾法测定水中COD，此方法简便快速，适合测定污染不是十分严重的地面水和河水的水质。对于污染严重的工业污水及生活污水，则采用重铬酸钾法。

高锰酸钾法是在酸性条件下，向水样中加入一定量过量的$KMnO_4$标准溶液，经加热煮沸，使水中还原性有机物被$KMnO_4$充分氧化，剩余的$KMnO_4$标准溶液用一定量过量的$Na_2C_2O_4$标准溶液还原，再以$KMnO_4$标准溶液返滴$Na_2C_2O_4$溶液的过量部分。反应式如下：

$$4KMnO_4 + 6H_2SO_4 + 5C = 2K_2SO_4 + 4MnSO_4 + 5CO_2 + 6H_2O$$
$$2MnO_4^- + 5C_2O_4^{2-} + 16H^+ = 8H_2O + 2Mn^{2+} + 10CO_2\uparrow$$

滴至溶液由无色变为浅粉色，且在30s之内不褪色即为终点，根据$Na_2C_2O_4$标准溶液和$KMnO_4$标准溶液的消耗量，计算水中耗氧量$\rho(O_2)$，计算公式如下：

$$\rho(O_2)=\frac{5c(KMnO_4)[V_1(KMnO_4)-V_2(KMnO_4)]M(O_2)}{4V(H_2O)}$$

式中，V_1 为滴定水样时消耗 $KMnO_4$ 标准溶液的体积；V_2 为空白实验时消耗 $KMnO_4$ 标准溶液的体积。

水样中如有还原性物质（如 S^{2-}、NO_2^-、Fe^{2+}等）存在，对测定会产生干扰，但先用 $KMnO_4$ 标准溶液滴定至溶液呈浅粉红色，再加一定量过量的 $KMnO_4$ 溶液，这些物质在室温下就能被 $KMnO_4$ 氧化，即可消除这些离子的干扰。

若水样中含 Cl^-大于 300mg·L^{-1} 时，对反应有严重的干扰，可加蒸馏水稀释，以此降低 Cl^-浓度，再进行测定，如仍不能消除干扰，可加入 Ag_2SO_4，每克 Ag_2SO_4 可消除 200mg Cl^-的干扰。必要时，应取同样量的蒸馏水做空白对照，测定空白值。

三、试剂及仪器

试剂：$KMnO_4$（0.02mol·L^{-1}），H_2SO_4（3mol·L^{-1}），$Na_2C_2O_4$（A.R.）。

仪器：酸式滴定管（50mL），容量瓶（250mL），容量瓶（500mL），移液管（50mL），锥形瓶（250mL），吸量管（5mL），电炉，电子天平。

四、实验步骤

1. 0.02mol·L^{-1} $KMnO_4$ 标准溶液的配制与标定

准确移取 25.00mL 0.02mol·L^{-1} $KMnO_4$ 标准溶液（在本书实验 9 已经标定过）于 250mL 容量瓶中，加蒸馏水稀释至刻度，摇匀，待用。

2. 0.005mol·L^{-1} $Na_2C_2O_4$ 标准溶液的配制

准确称取 0.3400g $Na_2C_2O_4$ 于烧杯中，加入适量蒸馏水溶解后，定量转入 500mL 容量瓶中，加蒸馏水稀释至刻度，摇匀，待用。

3. 水中 COD 的测定

准确移取 50.00mL 水样于锥形瓶中，加入 50mL 蒸馏水，加入 8mL 3mol·L^{-1} H_2SO_4，摇匀后，再由滴定管放入 5mL 0.02mol·L^{-1} $KMnO_4$ 标准溶液，加入少许沸石，在电炉上立即加热至沸，从冒第一个大气泡开始计时，准确煮沸 10min。取下锥形瓶，冷却 1min 后，准确加入 5.00mL 0.005mol·L^{-1} $Na_2C_2O_4$ 标准溶液，摇匀，此时溶液应由红色转为无色。再用 0.02mol·L^{-1} $KMnO_4$ 标准溶液滴定至溶液由无色变成浅粉色，且在 30s 之内不褪色为止。记录消耗 $KMnO_4$ 标准溶液的体积。

另取 50.00mL 蒸馏水代替水样，重复上述操作，求出空白值，计算 COD 值。平行测定 3 次，相对极差不得大于 0.3%。

五、实验记录及数据处理

水中 COD 的测定

项目	Ⅰ	Ⅱ	Ⅲ
$KMnO_4$ 终读数/mL			
$KMnO_4$ 初读数/mL			
$V(KMnO_4)$/mL			
$\rho(O_2)/(mg\cdot L^{-1})$			
$\bar{\rho}(O_2)/(mg\cdot L^{-1})$			
相对极差			

六、注意事项

（1）水样取后应立即进行分析，如需放置可加少量硫酸铜固体以抑制生物对有机物的分解。

（2）取水样的量视水质污染程度而定。污染严重的水样应取 10～20mL，加去离子水稀释后测定。

（3）控制加热时间很重要，一定要从冒第一个大气泡开始记录煮沸时间，煮沸 10min，否则精密度较差。

七、思考题

（1）测定水中化学耗氧量的意义何在？

（2）测定水中 COD 采用何种滴定方式？为什么？

（3）向水样中加入一定量的 $KMnO_4$ 并加热处理后，若红色褪去，说明什么问题？加入 $H_2C_2O_4$ 后溶液仍显红色，又说明什么问题？此时应如何进行实验操作？

（4）加热煮沸时间过长，对测定有何影响？

（5）水样中氯离子含量高时，为什么对测定有干扰？应采取何种措施消除其干扰？

（6）如水样为污染严重的工业污水及生活污水，应采用何种方法测定 COD？

实验 19　碘盐中碘含量的测定

一、实验目的

（1）进一步巩固间接碘量法。

（2）学习测定碘盐中碘含量的测定方法和原理。

二、实验原理

碘是人体必需的微量元素之一。在生命活动中具有重要作用，它是合成甲状腺激素的原料。碘缺乏严重危害人类健康，会导致一系列疾病，如甲状腺肿、克汀病。将碘加入食盐中是补碘的一种有效方法，碘盐是含有碘酸盐（KIO_3）的氯化钠。

测定碘盐中碘含量的原理为：在酸性条件下，加入过量的 KI，与 IO_3^- 反应析出 I_2，然后用 $Na_2S_2O_3$ 标准溶液滴定析出的 I_2。反应式如下：

$$IO_3^- + 5I^- + 6H^+ = 3I_2 + 3H_2O$$

$$I_2 + 2S_2O_3^{2-} = 2I^- + S_4O_6^{2-}$$

碘盐中碘含量的计算公式如下：

$$w(\mathrm{I}) = \frac{6c(\mathrm{Na_2S_2O_3})V(\mathrm{Na_2S_2O_3})M(\mathrm{I})}{m_s} \times 100\%$$

三、仪器及试剂

试剂：碘盐，$Na_2S_2O_3$ 标准溶液（$0.1mol \cdot L^{-1}$），KI 溶液（10%），淀粉溶液（0.5%）。

仪器：碱式滴定管（50mL），量筒（10mL），容量瓶（500mL），吸量管（10mL），碘量瓶（250mL），电子天平（0.01g）。

四、实验步骤

1. $0.002mol \cdot L^{-1}$ $Na_2S_2O_3$ 标准溶液的配制

移取已标定的 10mL $0.1mol \cdot L^{-1}$ $Na_2S_2O_3$ 标准溶液（参见实验 10）于 500mL 容量瓶中，加蒸馏水稀释至刻度，摇匀。

2. 碘盐中含碘量的测定

准确称取 10g 碘盐（准确至 0.01g）置于 250mL 碘量瓶中，加 100mL 蒸馏水溶解，加 2mL 10% KI 溶液和 2mL 0.5%淀粉，再加 1mL $1mol \cdot L^{-1}$ H_2SO_4 后，加盖，用 $Na_2S_2O_3$ 标准溶液滴定至溶液呈浅黄色时，加 5mL 0.5%淀粉溶液，置暗处 5min，

然后用稀释后的 $Na_2S_2O_3$ 标准溶液滴定至蓝色恰好消失为止，记录所用 $Na_2S_2O_3$ 体积 V，计算 $w(I)$。平行测定 3 次，相对极差不得大于 0.3%。

五、实验记录及数据处理

碘盐中碘含量的测定

项目	I	II	III
碘盐质量/g			
$Na_2S_2O_3$ 终读数/mL			
$Na_2S_2O_3$ 初读数/mL			
$V(Na_2S_2O_3)$/mL			
$w(I)$%			
$\bar{w}(I)$/%			
相对极差			

六、思考题

（1）本实验为何要控制酸度？用哪种试剂控制酸度？

（2）碘盐中的碘成分以哪种形式存在？如何检验？

（3）碘盐为什么不能高温蒸炒？

实验 20　硫酸铵肥料中氮含量的测定（甲醛法）

一、实验目的

（1）掌握用甲醛法测定铵盐中氮的原理和方法。

（2）学会取用大样的原则。

二、实验原理

硫酸铵是无机化肥，是强酸弱碱盐，可用酸碱滴定法测定其含量，但因 NH_4^+ 的酸性太弱（$K_a^{\ominus}=5.6\times10^{-10}$），无法用 NaOH 标准溶液直接滴定，可采用甲醛法。

甲醛法是将一定量的铵盐与甲醛反应，生成六亚甲基四铵盐和 H^+，反应式为

$$4NH_4^+ + 6HCHO = (CH_2)_6N_4H^+ + 3H^+ + 6H_2O$$

所生成的六亚甲基四铵盐（$K_b^{\ominus}=7.1\times10^{-6}$）和 H^+可用 NaOH 标准溶液直接滴定。终点时溶液呈弱碱性，选用酚酞作指示剂。

硫酸铵中氮含量的计算公式如下：

$$w(\mathrm{N})=\frac{c(\mathrm{NaOH})[V_2(\mathrm{NaOH})-V_1(\mathrm{NaOH})]M(\mathrm{N})}{m_s}\times \text{稀释倍数}\times 100\%$$

式中，V_1 为滴定空白试液时消耗 NaOH 标准溶液的体积；V_2 为滴定试液时消耗 NaOH 标准溶液的体积。

甲醛法准确度较差，但比较快速，多应用在生产上。

三、仪器及试剂

试剂：$(NH_4)_2SO_4$(A.R.)，NaOH（$0.1mol\cdot L^{-1}$），酚酞，1∶1 甲醛水溶液（或 40%甲醛溶液与水等体积混合）。

仪器：电子天平（0.01g），容量瓶（250mL），移液管（25mL），锥形瓶（250mL）

四、实验步骤

（1）$0.1mol\cdot L^{-1}$ NaOH 标准溶液的配制和标定，见本书实验 3。

（2）试样中 N 含量的测定。准确称取 1.5～2g 硫酸铵于烧杯中，加少量蒸馏水溶解，然后定量转移至 250mL 容量瓶中，用蒸馏水稀释至刻度，摇匀。用移液管移取 25.00mL 上述试液于锥形瓶，加 2 滴甲基红指示剂，如溶液呈黄色，表示无游离酸；如溶液呈红色，表示有游离酸，需用 NaOH 标准溶液滴定至橙色，记录 NaOH 用量 V_1。另取 25.00mL 试液于锥形瓶中，加入 10mL 中性甲醛溶液，摇匀，静置 1～2min，加 1～2 滴酚酞指示剂，用 NaOH 标准溶液滴无色至浅粉色，30s 内不褪色即为终点，记录 NaOH 溶液用量 V_2。计算试样中氮的质量分数，平

行测定 3 次，要求相对极差不大于 0.3%。

五、实验记录及数据处理

甲醛法测定硫酸铵肥料中氮含量

硫酸铵的质量/g				
$V(NH_4)_2SO_4$/mL				
		I	II	III
空白试液 甲基红指示剂	NaOH 终读数/mL			
	NaOH 初读数/mL			
	V_1(NaOH)/mL			
试液 滴酚酞指示剂	NaOH 终读数/mL			
	NaOH 初读数/mL			
	V_2(NaOH)/mL			
w(N)/%				
$\bar{w}$ (N)/%				
相对极差				

六、思考题

能否用甲醛法测定 NH_4HCO_3 中的含氮量？

实验 21　鸡蛋壳中钙含量的测定

一、实验目的

（1）学习鸡蛋壳中钙含量的测定方法和原理。

（2）对测定鸡蛋壳中钙含量的各方法进行比较，确定最佳的实验方案。

（3）进一步巩固滴定分析基本操作。

二、实验要求

鸡蛋壳的主要成分为碳酸钙，含量高达 93%～95%，其次为 $MgCO_3$、K^+及少量的 Fe^{3+}、Al^{3+}和蛋白质等。测定鸡蛋壳中钙含量的方法有酸碱滴定法、配位滴定法、高锰酸钾滴定法等。酸碱滴定法准确度低；高锰酸钾滴定法容易发生副反应，滴定的选择性差；配位滴定法由于操作简便，结果准确可靠，因此配位滴定法是测定鸡蛋壳中钙含量的最佳方法。

（1）通过查阅文献，了解鸡蛋壳的化学组成成分、鸡蛋壳中钙含量的测定方法，通过对各测定方法进行详细的分析比较，从而确定最佳实验方法。

（2）自行设计实验方案。

提示：

（1）样品处理：洗净鸡蛋壳，去除内膜，烘干，研磨成粉末。

（2）选择与测定方法相对应的滴定剂、指示剂。

（3）根据测定数据，计算碳酸钙质量分数 $w(CaCO_3)$。

三、思考题

（1）测定鸡蛋壳中钙含量有哪些方法？各自的优缺点？

（2）若采用 EDTA 法测鸡蛋壳中钙含量时，如何消除 $MgCO_3$ 对测定的影响？

（3）用 EDTA 法测定鸡蛋壳中钙含量时，蛋壳中 Fe^{3+}、Al^{3+}对测定是否有干扰？用什么方法可消除其干扰？

实验 22　果蔬中维生素 C 的测定

一、实验目的

（1）学习果蔬中维生素 C 的测定方法和原理。

（2）对果蔬中维生素 C 的测定方法进行比较，设计实验方案。

二、实验要求

维生素 C 又称抗坏血酸，无色晶体，味酸，分子式为 $C_6H_8O_6$，是一种重要的水溶性维生素，在碱性溶液中极不稳定，日光照射后易被氧化破坏，故含维生素 C 的制剂应在干燥、低温和避光处保存。维生素 C 具有增强人体免疫功能、抗衰老作用，具有增强机体对肿瘤的抵抗力、对化学致癌物的阻断作用。维生素 C 摄入量不足、吸收障碍时，均可导致各种疾病。

维生素 C 在人体内不能合成和储存，只能从外界摄取。维生素 C 主要存在于新鲜水果及蔬菜中。不同的水果、蔬菜中维生素 C 的含量不同，水果中以猕猴桃含量最多，蔬菜中以辣椒含量最多。测定果蔬中维生素 C 的含量对评定其营养具有十分重要的意义。果蔬中维生素 C 的测定方法主要有滴定分析法、荧光分光光度法、原子吸收光谱法、紫外分光光度法和高效液相色谱法等。滴定分析法是历史最悠久的测定方法，常用的是碘量法。该方法具有操作快速、方便等优点，但对于测定有色提取液的维生素 C 含量具有很大的局限性。荧光分光光度法和原子吸收光谱法操作比较繁杂，应用受到一定限制。紫外分光光度法因其仪器设备便宜、操作简单、误差小等优点，为测定维生素 C 含量的经典方法。高效液相色谱法具有灵敏度高、快速、测定准确等优点，被公认为是发展较快的一种分析方法。本实验建议采用紫外分光光度法测定果蔬中维生素 C 的含量。

（1）通过查阅文献，了解测定果蔬中维生素 C 含量的方法，并比较各种测定方法的优缺点。

（2）自行设计实验方案。

提示：

（1）样品溶液制备：将果蔬样品洗净，用纱布或吸水纸吸干表面附着的水分。称量，切碎、用研钵研磨，过滤，滤液备用。

（2）配制维生素 C 标准溶液，并绘制工作曲线。

（3）通过测定样品溶液的 A 值，求出 ρ（维生素 C）（$mg\cdot mL^{-1}$）。

三、注意事项

（1）某些果蔬浆状物泡沫太多，如橘子、西红柿等，可加数滴丁醇或辛醇。

（2）若果蔬提取的浆状物不易过滤，可采用离心。

四、思考题

（1）维生素 C 溶液易氧化，实验时应注意些什么？

（2）本实验用什么作参比溶液？参比溶液的作用是什么？

实验 23 洗衣粉中磷含量的测定

一、实验目的

（1）了解洗衣粉中磷含量的测定方法和原理。

（2）对测定洗衣粉磷含量的方法进行比较，确定实验方案。

二、实验要求

洗衣粉中含磷成分主要为三聚磷酸钠，它是洗衣粉的主要助剂，可增强洗涤效果。但含磷洗涤剂使用后的排放会导致水体富营养化。在城市生活污水中，70%的磷来自洗涤剂的使用。因此需对含磷洗衣粉的使用进行监控和限制。

测定洗衣粉磷含量有酸碱滴定法、EDTA 配位滴定法、电位滴定法、磷钼酸喹啉重量法、离子交换柱层析法、钼蓝分光光度法、气相色谱法等方法。酸碱滴定法、EDTA 配位滴定法和电位滴定法操作简便，快速，但酸碱滴定法不适于测定有色洗衣粉，测定低泡洗衣粉时，必须根据皂片含量对结果进行修正；配位滴定法在测定三聚磷酸钠含量高于 40%的浓缩洗衣粉时，需加大试样的称量质量，否则会引起较大误差；电位滴定法不适于测定含有其他磷酸盐组分的洗衣粉，因为磷酸盐会干扰反应。磷钼酸喹啉重量法和离子交换柱层析法耗时长，不适宜用于控制分析；气相色谱法灵敏度高、重现性好、简便快速，但运行成本高，且每次测定时必须配制磷标准溶液。分光光度法操作简单、准确度高，符合环保监测工作的要求。本实验建议采用钼蓝分光光度法测定洗衣粉中的磷含量。

（1）通过查阅文献，了解钼蓝分光光度法测定洗衣粉磷含量的原理。

（2）完成实验方案的设计。

提示：

（1）制备样品溶液时可选常用的洗衣粉如雕牌、碧浪、奥妙、汰渍等作为材料，制备样品溶液。

（2）配制磷标准溶液，绘制吸收曲线和工作曲线。

（3）通过测定样品溶液的 A 值，求出磷含量 $w(P_2O_5)/\%$。

三、注意事项

（1）配制溶液时，由于液体表面有泡沫，读数应以液面为准。

（2）选用抗坏血酸为显色剂，因显色反应慢，需水浴加热。

四、思考题

（1）测定洗衣粉中磷含量的方法有哪些？

（2）如何加速洗衣粉的溶解？

实验 24　新鲜蔬菜中胡萝卜素的提取及测定

一、实验目的

（1）学会从新鲜蔬菜中提取和分离的原理。

（2）学习柱层分析的操作。

（3）掌握应用紫外分光光度法测定胡萝卜素的操作。

二、实验要求

胡萝卜素是一种重要的天然色素，尤其是β-胡萝卜素，广泛存在于植物、藻类和真菌中。其中深绿色或红黄色的蔬菜和水果中含量较丰富，如胡萝卜、菠菜、西兰花、甘薯、芒果、杏、哈密瓜等，颜色越深的水果或蔬菜，β-胡萝卜素含量越丰富。

胡萝卜素有α、β、γ异构体，其中以β-胡萝卜素生理活性最强，是橘黄色脂溶性化合物。β-胡萝卜素的结构如下：

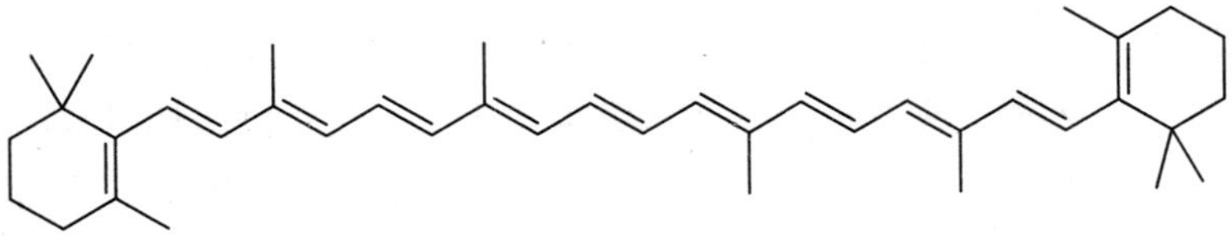

β-胡萝卜素是维生素 A 的前体，一定条件下在人体内可转化为维生素 A。β-胡萝卜素具有解毒、抗氧化作用，可防止老化和衰老引起的多种退化性疾病，能够预防并降低心脑血管的发病。

β-胡萝卜素不溶于水，溶于丙酮、氯仿、石油醚、苯等，故可用有机溶剂提取。例如，用丙酮-石油醚（体积 1∶1）提取，但由于提取β-胡萝卜素的同时也提取了叶绿素、叶黄素，对其测定会产生干扰，故采用柱层析法将提取液中的β-胡萝卜素分离出来。

测定β-胡萝卜素含量有纸层析法、薄层层析法、柱层析法、紫外分光光度法和高效液相色谱法。本实验建议采用紫外分光光度法测定β-胡萝卜素含量。

（1）通过查阅文献，了解紫外分光光度法测定β-胡萝卜素含量的原理。

（2）完成实验方案的设计。

提示：

（1）原料的预处理：将新鲜蔬菜进行清洗，切片，烘干，粉碎，分筛。

（2）β-胡萝卜素的提取：选用适当的有机溶剂进行提取，得到提取液。

（3）β-胡萝卜素的分离：采用柱层析法将提取液中β-胡萝卜素分离出来。

（4）测定：用紫外分光光度法测定β-胡萝卜素含量/$(mg\cdot g^{-1})$。

三、注意事项

（1）原料粉碎时，为防止 β-胡萝卜素被氧化，需加稳定剂。

四、思考题

（1）测定 β-胡萝卜素含量有哪些方法？

（2）原料预处理时，为防止 β-胡萝卜素被氧化，应采取何种措施？

主要参考文献

蔡炳新，陈贻文. 2001. 基础化学实验. 北京：科学出版社.
陈兴国，何疆，陈宏丽，等. 2012. 分析化学. 北京：高等教育出版社.
国家标准化管理委员会. 2006. 中华人民共和国国家标准. 北京：中国标准出版社.
揭念芹. 2007. 基础化学. 2 版. 北京：科学出版社.
刘霞. 2014. 普通化学实验. 北京：科学出版社.
吕苏琴. 2007. 基础化学实验Ⅰ. 北京：科学出版社.
王恩波，胡长文，许林. 1998. 多酸化学导论. 北京：化学工业出版社.
赵士铎. 2008. 定量分析化学实验. 北京：中国农业大学出版社.

附　　录

附录 1　不同温度下水的饱和蒸气压

温度/K	饱和蒸气压/Pa	温度/K	饱和蒸气压/Pa	温度/K	饱和蒸气压/Pa	温度/K	饱和蒸气压/Pa
273.2	610.5	277.7	842.3	282.2	1148.0	286.7	1547.1
273.7	633.3	278.2	872.3	282.7	1187.0	287.2	1598.1
274.2	656.7	278.7	903.3	283.2	1228.0	287.7	1650.8
274.7	680.9	279.2	935.0	283.7	1269.0	288.2	1704.9
275.2	705.8	279.7	967.8	284.2	1312.0	288.4	1726.9
275.7	731.4	280.2	1002.0	284.7	1356.7	288.6	1749.3
276.2	757.9	280.7	1037.0	285.2	1402.3	288.8	1771.9
276.7	785.1	281.2	1073.0	285.7	1449.2	289.0	1794.7
277.2	813.4	281.7	1110.0	286.2	1497.3	289.2	1817.7
289.4	1841.0	295.6	2708.6	301.8	3913.5	308.0	5560.9
289.6	1864.8	295.8	2741.8	302.0	3959.3	308.2	5622.9
289.8	1888.6	296.0	2775.1	302.2	4005.4	308.4	5685.4
290.0	1912.8	296.2	2808.8	302.4	4051.9	308.6	5748.5
290.2	1937.2	296.4	2843.0	302.6	4099.0	308.8	5812.2
290.4	1961.8	296.6	2877.5	302.8	4146.6	309.0	5876.6
290.6	1986.9	296.8	2912.4	303.0	4194.5	309.2	5941.2
290.8	2012.1	297.0	2947.8	303.2	4242.9	309.4	6006.7
291.0	2037.7	297.2	2984.7	303.4	4291.8	309.6	6072.7
291.2	2063.4	297.4	3019.5	303.6	4341.1	309.8	6139.5
291.4	2089.6	297.6	3056.0	303.8	4390.8	310.0	6207.0
291.6	2116.0	297.8	3092.8	304.0	4441.2	310.2	6275.1
291.8	2142.6	298.0	3129.9	304.2	4492.3	310.4	6343.7
292.0	2169.4	298.2	3167.2	304.4	4543.9	310.6	6413.1
292.2	2196.8	298.4	3204.9	304.6	4595.8	310.8	6483.1
292.4	2224.5	298.6	3243.2	304.8	4648.2	311.0	6553.7

续表

温度/K	饱和蒸气压/Pa	温度/K	饱和蒸气压/Pa	温度/K	饱和蒸气压/Pa	温度/K	饱和蒸气压/Pa
292.6	2252.3	298.8	3282.0	305.0	4701.1	311.2	6625.1
292.8	2280.5	299.0	3321.3	305.2	4754.7	311.4	6696.9
293.0	2309.0	299.2	3360.9	305.4	4808.7	311.6	6769.3
293.2	2337.8	299.4	3400.9	305.6	4863.2	311.8	6842.5
293.4	2366.9	299.6	3441.3	305.8	4918.4	312.0	6919.6
293.6	2396.3	299.8	3482.0	306.0	4974.0	312.2	6991.7
293.8	2426.1	300.0	3523.2	306.2	5030.1	312.4	7067.3
294.0	2456.1	300.2	3564.9	306.4	5086.9	312.6	7276.7
294.2	2486.5	300.4	3607.0	306.6	5144.1	312.8	7220.2
294.4	2517.1	300.6	3649.6	306.8	5202.0	313.0	7297.7
294.6	2548.2	300.8	3692.5	307.0	5260.5	313.2	7375.9
294.8	2579.7	301.0	3735.8	307.2	5319.3		
295.0	2611.4	301.2	3779.6	307.4	5378.8		
295.2	2643.4	301.4	3823.7	307.6	5439.0		
295.4	2675.8	301.6	3868.3	307.8	5499.7		

资料来源：Dean J A.1998.Lange's Handbook of Chemistry.15th ed.New York:McGraw-Hill.

注：温度（K）由 273.2+t℃得到，饱和蒸气压由 1mmHg=1.333 224×10^2Pa 换算而得。

附录 2　常用酸碱的浓度

名称	化学式	质量分数/%	密度/(g·mL^{-1})（20℃）	物质的量浓度/(mol·L^{-1})
浓盐酸	HCl	36.0～38.0	1.18～1.19	11.6～12.4
稀盐酸		7	1.03	2
浓硝酸	HNO_3	65.0～68.0	1.39～1.40	14.4～15.2
稀硝酸		12	1.07	2
冰醋酸	CH_3COOH	99	1.05	17.4
稀乙酸		12	1.02	2
浓硫酸	H_2SO_4	95～98	1.83～1.84	17.8～18.4
稀硫酸		9	1.06	1
磷酸	H_3PO_4	85	1.69	14.6

续表

名称	化学式	质量分数/%	密度/($g·mL^{-1}$)（20℃）	物质的量浓度/($mol·L^{-1}$)
高氯酸	$HClO_4$	70.0～72.0	1.68	11.7～12.0
氢氟酸	HF	40	1.13	22.5
氢溴酸	HBr	47.0	1.49	8.6
氢碘酸	HI	57	1.70	7.5
浓氨水	$NH_3·H2O$	25～28（NH_3）	0.88～0.90	13.3～14.8
稀氨水		4	0.98	2
浓氢氧化钠溶液	NaOH	40	1.43	14
稀氢氧化钠溶液		8	1.09	2

附录 3　弱酸、弱碱的解离常数$K^{\ominus}$（18～25℃）

化学式	t/℃	$K_a^{\ominus}$（$K_b^{\ominus}$）	化学式	t/℃	$K_a^{\ominus}$（$K_b^{\ominus}$）
$H3AsO_4$	18	$K_{a_1}^{\ominus}=5.5\times10^{-3}$	HIO_3	25	1.69×10^{-1}
	18	$K_{a_2}^{\ominus}=1.7\times10^{-7}$	HIO	25	2.3×10^{-11}
	18	$K_{a_3}^{\ominus}=3.95\times10^{-12}$	HNO_2	25	4.6×10^{-4}
H_3BO_3	20	7.3×10^{-10}	NH_4^+	25	5.64×10^{-10}
HBrO	25	2.06×10^{-9}	H_2O_2	25	2.4×10^{-12}
H_2CO_3	25	$K_{a_1}^{\ominus}=4.30\times10^{-7}$	H_3PO_4	25	$K_{a_1}^{\ominus}=7.52\times10^{-3}$
	25	$K_{a_2}^{\ominus}=5.61\times10^{-11}$		25	$K_{a_2}^{\ominus}=6.23\times10^{-8}$
$H_2C_2O_4$	25	$K_{a_1}^{\ominus}=5.90\times10^{-2}$		25	$K_{a_3}^{\ominus}=2.2\times10^{-13}$
	25	$K_{a_2}^{\ominus}=6.40\times10^{-5}$	H_2S	18	$K_{a_1}^{\ominus}=9.1\times10^{-8}$
HCN	25	4.93×10^{-10}		18	$K_{a_2}^{\ominus}=1.1\times10^{-12}$
HClO	18	2.95×10^{-5}	HSO_4^-	25	1.2×10^{-2}
H_2CrO_4	25	$K_{a_1}^{\ominus}=1.8\times10^{-1}$	H_2SO_3	18	$K_{a_1}^{\ominus}=1.54\times10^{-2}$
	25	$K_{a_2}^{\ominus}=3.2\times10^{-7}$		18	$K_{a_2}^{\ominus}=1.02\times10^{-7}$
HF	25	3.53×10^{-4}	H_2SiO_3	30	$K_{a_1}^{\ominus}=2.2\times10^{-10}$

续表

化学式	t/℃	$K_a^\ominus$（$K_b^\ominus$）	化学式	t/℃	$K_a^\ominus$（$K_b^\ominus$）
	30	$K_{a_2}^\ominus=2\times10^{-12}$	$NH_3·H_2O$	25	1.77×10^{-5}
HCOOH	25	1.77×10^{-4}	AgOH	25	1.0×10^{-2}
CH_3COOH	25	1.76×10^{-5}	$Al(OH)_3$	25	$K_{b_1}^\ominus=5\times10^{-9}$
$CH_2ClCOOH$	25	1.4×10^{-3}		25	$K_{b_2}^\ominus=2\times10^{-10}$
$CHCl_2COOH$	25	5.0×10^{-2}	$Be(OH)_2$	25	$K_{b_1}^\ominus=1.78\times10^{-6}$
$H_3C_6H_5O_7$	20	$K_{a_1}^\ominus=7.1\times10^{-4}$		25	$K_{b_2}^\ominus=2\times10^{-9}$
（柠檬酸）	20	$K_{a_2}^\ominus=1.68\times10^{-5}$	$Ca(OH)_2$	25	3.7×10^{-3}
	20	$K_{a_3}^\ominus=4.1\times10^{-7}$	$Zn(OH)_2$	25	9.6×10^{-4}

资料来源：Weast R C.1988-1989.CRC Handbook of Chemistry and Physics.69th ed.Florida:CRC Press Inc.

附录 4　难溶电解质的溶度积常数 $K_{sp}^\ominus$（18～25℃）

化学式	$K_{sp}^\ominus$	化学式	$K_{sp}^\ominus$	化学式	$K_{sp}^\ominus$
Ag_2CO_3	8.5×10^{-12}	$BaCrO_4$	1.2×10^{-10}	CdS	8×10^{-28}
Ag_2CrO_4	1.1×10^{-12}	BaF_2	1.0×10^{-6}	$Co(OH)_2$	1.6×10^{-15}
Ag_2S	6×10^{-51}	BaS_2O_3	1.6×10^{-5}	$Co(OH)_3$	1.6×10^{-44}
Ag_2SO_3	1.5×10^{-14}	$BaSO_3$	8×10^{-7}	$CoCO_3$	1.4×10^{-13}
Ag_2SO_4	1.4×10^{-5}	$BaSO_4$	1.1×10^{-10}	$Cr(OH)_2$	2×10^{-16}
Ag_3AsO_4	1.0×10^{-22}	BiOClss	1.8×10^{-31}	$Cr(OH)_3$	6.3×10^{-31}
AgBr	5.0×10^{-13}	BiOOH	4×10^{-10}	$Cu(OH)_2$	2.2×10^{-20}
AgCl	1.8×10^{-10}	$Ca(OH)_2$	5.5×10^{-6}	$Cu_2[Fe(CN)_6]$	1.3×10^{-16}
AgCN	1.2×10^{-16}	$Ca_3(PO_4)_2$	2.0×10^{-29}	$Cu_3(AsO_4)_2$	7.6×10^{-36}
AgI	8.5×10^{-17}	CaC_2O_4	4×10^{-9}	CuCl	1.2×10^{-6}
$AgIO_3$	3.0×10^{-8}	$CaCO_3$	2.8×10^{-9}	CuCN	3.2×10^{-20}
AgN_3	2.8×10^{-9}	$CaCrO_4$	7.1×10^{-4}	$CuCO_3$	1.4×10^{-10}
$AgNO_2$	6.0×10^{-4}	CaF_2	5.3×10^{-9}	$CuCrO_4$	3.6×10^{-6}
AgSCN	1.0×10^{-12}	$CaHPO_4$	1×10^{-7}	CuI	1.1×10^{-12}
$Al(OH)_3$	1.3×10^{-33}	$CaSO_3$	6.8×10^{-8}	CuS	6×10^{-37}
$Al_2(PO_4)_3$	6.3×10^{-19}	$CaSO_4$	9.1×10^{-6}	$Fe(OH)_2$	8.0×10^{-16}

续表

化学式	$K_{sp}^{\ominus}$	化学式	$K_{sp}^{\ominus}$	化学式	$K_{sp}^{\ominus}$
$Ba(OH)_2$	5×10^{-3}	$Cd(OH)_2$	2.5×10^{-14}	$Fe(OH)_3$	4×10^{-38}
$Ba_3(PO_4)_2$	5.1×10^{-9}	CdCO3	5.2×10^{-12}	$Fe_4[Fe(CN)_6]_3$	3.3×10^{-41}
$FeAsO_4$	5.7×10^{-21}	$MnCO_3$	1.8×10^{-11}	$Sn(OH)_2$	1.4×10^{-28}
$FeCO_3$	3.2×10^{-11}	MnS	3×10^{-14}	SnS	1×10^{-26}
$FePO_4$	1.3×10^{-22}	$Ni(OH)_2$	2.0×10^{-15}	$SrCO_3$	1.1×10^{-10}
FeS	6×10^{-19}	$NiCO_3$	6.6×10^{-9}	$SrCrO_4$	2.2×10^{-5}
Hg_2Br_2	5.6×10^{-23}	$Pb(N_3)_2$	2.5×10^{-9}	SrF_2	2.5×10^{-9}
Hg_2Cl_2	1.3×10^{-18}	$Pb(OH)_2$	1.2×10^{-15}	$SrSO_4$	3.2×10^{-7}
Hg_2I_2	4.5×10^{-29}	$Pb_3(AsO_4)_2$	4.0×10^{-36}	$Tl(OH)_3$	6.3×10^{-46}
HgS	2×10^{-53}	$PbBr_2$	4.0×10^{-5}	TlBr	3.4×10^{-6}
Li_2CO_3	2.5×10^{-2}	$PbCl_2$	1.6×10^{-5}	TlCl	1.7×10^{-4}
Li_3PO_4	3.2×10^{-9}	$PbCO_3$	7.4×10^{-14}	TlI	6.5×10^{-8}
LiF	3.8×10^{-3}	$PbCrO_4$	2.8×10^{-13}	$Zn(OH)_2$	1.2×10^{-17}
$Mg(OH)_2$	1.8×10^{-11}	PbF_2	2.7×10^{-8}	$Zn_3(PO_4)_2$	9.0×10^{-33}
$Mg_3(PO_4)_2$	1×10^{-25}	PbI_2	7.1×10^{-9}	ZnC_2O_4	2.7×10^{-8}
$MgCO_3$	3.5×10^{-8}	PbS	3×10^{-28}	$ZnCO_3$	1.4×10^{-11}
MgF_2	3.7×10^{-8}	$PbSO_4$	1.6×10^{-8}	ZnS	2×10^{-25}
$MgNH_4PO_4$	2.5×10^{-13}	$Sc(OH)_3$	8.0×10^{-31}		
$Mn(OH)_2$	1.9×10^{-13}	ScF_3	4.2×10^{-18}		

资料来源：Petrucci R H，Herring F G，Madura J D，et al. 2011.General Chemistry: Principles and Mordern Applications. 10th ed. Toronto：Pearson Canada Inc.

附录 5　标准电极电势

一、在酸性溶液中

（298.15K）

元素	电极反应	$\varphi^{\ominus}$/V
Ag	$Ag^++e^- \rightleftharpoons Ag$	+0.7996
	$Ag^{2+}+e^- \rightleftharpoons Ag^+$	+1.980
	$AgBr+e^- \rightleftharpoons Ag+Br^-$	+0.071 33
	$AgBrO_3+e^- \rightleftharpoons Ag+BrO_3^-$	+0.546
	$Ag_2C_2O_4+2e^- \rightleftharpoons 2Ag+C_2O_4^{2-}$	+0.4647

续表

元素	电极反应	$\varphi^{\ominus}$/V
Ag	$AgCl+e^- \rightleftharpoons Ag+Cl^-$	+0.222 33
	$Ag_2CO_3+2e^- \rightleftharpoons 2Ag+CO_3^{2-}$	+0.47
	$Ag_2CrO_4+2e^- \rightleftharpoons 2Ag+CrO_4^{2-}$	+0.4470
	$AgF+e^- \rightleftharpoons Ag+F^-$	+0.779
	$Ag_4[Fe(CN)_6]+4e^- \rightleftharpoons 4Ag+[Fe(CN)_6]^{4-}$	+0.1478
	$AgI+e^- \rightleftharpoons Ag+I^-$	−0.152 24
	$AgIO_3+e^- \rightleftharpoons Ag+IO_3^-$	+0.354
	$AgNO_2+e^- \rightleftharpoons Ag+NO_2^-$	+0.564
	$Ag_2S+2H^++2e^- \rightleftharpoons 2Ag+H_2S$	−0.0366
	$AgSCN+e^- \rightleftharpoons Ag+SCN^-$	+0.089 51
	$Ag_2SO_4+2e^- \rightleftharpoons 2Ag+SO_4^{2-}$	+0.654
Al	$Al^{3+}+3e^- \rightleftharpoons Al$	−1.662
	$AlF_6^{3-}+3e^- \rightleftharpoons Al+6F^-$	−2.069
As	$As_2O_3+6H^++6e^- \rightleftharpoons 2As+3H_2O$	+0.234
	$HAsO_2+3H^++3e^- \rightleftharpoons As+2H_2O$	+0.248
	$H_3AsO_4+2H^++2e^- \rightleftharpoons HAsO_2+2H_2O$	+0.560
B	$H_3BO_3+3H^++3e^- \rightleftharpoons B+3H_2O$	−0.8698
Ba	$Ba^{2+}+2e^- \rightleftharpoons Ba$	−2.912
Be	$Be^{2+}+2e^- \rightleftharpoons Be$	−1.847
Bi	$BiCl^-_4+3e^- \rightleftharpoons Bi+4Cl^-$	+0.16
	$Bi_2O_4+4H^++2e^- \rightleftharpoons 2BiO^++2H_2O$	+1.593
	$BiO+2H^++3e^- \rightleftharpoons Bi+H_2O$	+0.320
	$BiOCl+2H^++3e^- \rightleftharpoons Bi+Cl^-+H_2O$	+0.1583
Br	$Br_2(aq)+2e^- \rightleftharpoons 2Br^-$	+1.0873
	$Br_2(l)+2e^- \rightleftharpoons 2Br^-$	+1.066
	$HBrO+H^++2e^- \rightleftharpoons Br^-+H_2O$	+1.331
	$HBrO+H^++e^- \rightleftharpoons \frac{1}{2}Br_2(aq)+H_2O$	+1.574
	$HBrO+H^++e^- \rightleftharpoons \frac{1}{2}Br_2(l)+H_2O$	+1.596
	$BrO^-_3+6H^++5e^- \rightleftharpoons \frac{1}{2}Br_2+3H_2O$	+1.482
	$BrO^-_3+6H^++6e^- \rightleftharpoons Br^-+3H_2O$	+1.423

续表

元素	电极反应	$\varphi^\ominus$/V
Ca	$Ca^+ + e^- \rightleftharpoons Ca$	−3.80
	$Ca^{2+} + 2e^- \rightleftharpoons Ca$	−2.868
Cd	$Cd^{2+} + 2e^- \rightleftharpoons Cd$	−0.4030
	$CdSO_4 + 2e^- \rightleftharpoons Cd + SO_4^{2-}$	−0.246
Cl	$Cl_2(g) + 2e^- \rightleftharpoons 2Cl^-$	+1.358 27
	$HClO + H^+ + e^- \rightleftharpoons \frac{1}{2}Cl_2 + H_2O$	+1.611
	$HClO + H^+ + 2e^- \rightleftharpoons Cl^- + H_2O$	+1.482
	$ClO_2 + H^+ + e^- \rightleftharpoons HClO_2$	+1.277
	$HClO_2 + 2H^+ + 2e^- \rightleftharpoons HClO + 2H_2O$	+1.645
	$HClO_2 + 3H^+ + 3e^- \rightleftharpoons \frac{1}{2}Cl_2 + 2H_2O$	+1.628
	$HClO_2 + 3H^+ + 4e^- \rightleftharpoons Cl^- + 2H_2O$	+1.570
	$ClO^-_3 + 2H^+ + e^- \rightleftharpoons ClO_2 + H_2O$	+1.152
	$ClO^-_3 + 3H^+ + 2e^- \rightleftharpoons HClO_2 + H_2O$	+1.214
	$ClO^-_3 + 6H^+ + 5e^- \rightleftharpoons \frac{1}{2}Cl_2 + 3H_2O$	+1.47
	$ClO^-_3 + 6H^+ + 6e^- \rightleftharpoons Cl^- + 3H_2O$	+1.451
	$ClO^-_4 + 2H^+ + 2e^- \rightleftharpoons ClO^-_3 + H_2O$	+1.189
	$ClO^-_4 + 8H^+ + 7e^- \rightleftharpoons \frac{1}{2}Cl_2 + 4H_2O$	+1.39
	$ClO^-_4 + 8H^+ + 8e^- \rightleftharpoons Cl^- + 4H_2O$	+1.389
Co	$Co^{2+} + 2e^- \rightleftharpoons Co$	−0.28
	$Co^{3+} + e^- \rightleftharpoons Co^{2+}(2mol \cdot L^{-1} H_2SO_4)$	+1.83
Cr	$Cr^{2+} + 2e^- \rightleftharpoons Cr$	−0.913
	$Cr^{3+} + e^- \rightleftharpoons Cr^{2+}$	−0.407
	$Cr^{3+} + 3e^- \rightleftharpoons Cr$	−0.744
	$Cr_2O^{2-}_7 + 14H^+ + 6e^- \rightleftharpoons 2Cr^{3+} + 7H_2O$	+1.232
	$HCrO^-_4 + 7H^+ + 3e^- \rightleftharpoons Cr^{3+} + 4H_2O$	+1.350
Cu	$Cu^+ + e^- \rightleftharpoons Cu$	+0.521
	$Cu+^{2+} + e^- \rightleftharpoons Cu^+$	+0.153
	$Cu^{2+} + 2e^- \rightleftharpoons Cu$	+0.3419
	$CuI^-_2 + e^- \rightleftharpoons Cu + 2I^-$	+0.00
F	$F_2 + 2H^+ + 2e^- \rightleftharpoons 2HF$	+3.053
	$F_2 + 2e^- \rightleftharpoons 2F^-$	+2.866

续表

元素	电极反应	$\varphi^{\ominus}$/V
F	$F_2O+2H^++4e^- \rightleftharpoons H_2O+2F^-$	+2.153
Fe	$Fe^{2+}+2e^- \rightleftharpoons Fe$	−0.447
	$Fe^{3+}+3e^- \rightleftharpoons Fe$	−0.037
	$Fe^{3+}+e^- \rightleftharpoons Fe^{2+}$	+0.771
	$[Fe(CN)_6]^{3-}+e^- \rightleftharpoons [Fe(CN)_6]^{4-}$	+0.358
	$FeO_4^{2-}+8H^++3e^- \rightleftharpoons Fe^{3+}+4H_2O$	+2.20
H	$2H^++2e^- \rightleftharpoons H_2$	+0.000 00
	$H_2+2e^- \rightleftharpoons 2H^-$	−2.23
	$HO_2+H^++e^- \rightleftharpoons H_2O_2$	+1.495
	$H_2O_2+2H^++2e^- \rightleftharpoons 2H_2O$	+1.776
Hf	$HfO^{2+}+2H^++4e^- \rightleftharpoons Hf+H_2O$	−1.724
	$HfO_2+4H^++4e^- \rightleftharpoons Hf+2H_2O$	−1.505
Hg	$Hg^{2+}+2e^- \rightleftharpoons Hg$	+0.851
	$^2Hg^{2+}+2e^- \rightleftharpoons Hg_2^{2+}$	+0.920
	$Hg_2^{2+}+2e^- \rightleftharpoons 2Hg$	+0.7973
	$Hg_2Br_2+2e^- \rightleftharpoons 2Hg+2Br^-$	+0.139 23
	$Hg_2Cl_2+2e^- \rightleftharpoons 2Hg+2Cl^-$	+0.268 08
	$Hg_2HPO_4+2e^- \rightleftharpoons 2Hg+HPO_4^{2-}$	+0.6359
	$Hg_2I_2+2e^- \rightleftharpoons 2Hg+2I^-$	−0.0405
	$Hg_2SO_4+2e^- \rightleftharpoons 2Hg+SO_4^{2-}$	+0.6125
I	$I_2+2e^- \rightleftharpoons 2I^-$	+0.5355
	$I_3^-+2e^- \rightleftharpoons 3I^-$	+0.536
	$H_5IO_6+H^++2e^- \rightleftharpoons IO^-{}_3+3H_2O$	+1.601
	$2HIO+2H^++2e^- \rightleftharpoons I_2+2H_2O$	+1.439
	$HIO+H^++2e^- \rightleftharpoons I^-+H_2O$	+0.987
	$2IO_3^-+12H^++10e^- \rightleftharpoons I_2+6H_2O$	+1.195
	$IO_3^-+6H^++6e^- \rightleftharpoons I^-+3H_2O$	+1.085
K	$K^++e^- \rightleftharpoons K$	−2.931
La	$La^{3+}+3e^- \rightleftharpoons La$	−2.522
Li	$Li^++e^- \rightleftharpoons Li$	−3.0401
Mg	$Mg^++e^- \rightleftharpoons Mg$	−2.70
	$Mg^{2+}+2e^- \rightleftharpoons Mg$	−2.372

续表

元素	电极反应	$\varphi^{\ominus}$/V
Mn	$Mn^{2+}+2e^- \rightleftharpoons Mn$	−1.185
	$Mn^{3+}+e^- \rightleftharpoons Mn^{2+}$	+1.5415
	$MnO_2+4H^++2e^- \rightleftharpoons Mn^{2+}+2H_2O$	+1.224
	$MnO_4^- +e^- \rightleftharpoons MnO_4^{2-}$	+0.558
	$MnO_4^- +4H+3e^- \rightleftharpoons MnO_2+2H_2O$	+1.679
	$MnO_4^- +8H^++5e^- \rightleftharpoons Mn^{2+}+4H_2O$	+1.507
Mo	$Mo^{3+}+3e^- \rightleftharpoons Mo$	−0.200
N	$N_2+2H_2O+6H^++6e^- \rightleftharpoons 2NH_4O$	+0.092
	$3N_2+2H^++2e^- \rightleftharpoons 2NH_3(aq)$	−3.09
	$N_2H_5^+ +3H^++2e^- \rightleftharpoons 2NH_4^+$	+1.275
	$N_2O+2H^++2e^- \rightleftharpoons N_2+H_2O$	+1.766
	$H_2N_2O_2+2H^++2e^- \rightleftharpoons N_2+2H_2O$	+2.65
	$N_2O_4+2e^- \rightleftharpoons 2NO_2^-$	+0.867
	$N_2O_4+2H^++2e^- \rightleftharpoons 2HNO_2$	+1.065
	$N_2O_4+4H^++4e^- \rightleftharpoons 2NO+2H_2O$	+1.035
	$2NH_3OH^++H^++2e^- \rightleftharpoons N_2H_5^+ +2H_2O$	+1.42
	$2NO+2e^- \rightleftharpoons N_2H_2^{2-}$	+0.10
	$2NO+2H^++2e^- \rightleftharpoons N_2O+H_2O$	+1.591
	$HNO_2+H^++e^- \rightleftharpoons NO+H_2O$	+0.983
	$2HNO_2+4H^++4e^- \rightleftharpoons H_2N_2O_2+2H_2O$	+0.86
	$2HNO_2+4H^++4e^- \rightleftharpoons N_2O+3H_2O$	+1.297
	$NO^-{}_3+3H^++2e^- \rightleftharpoons HNO_2+H_2O$	+0.934
	$NO^-{}_3+4H^++3e^- \rightleftharpoons NO+2H_2O$	+0.957
	$2NO^-{}_3+4H^++2e^- \rightleftharpoons N_2O_4+2H_2O$	+0.803
Na	$Na^++e^- \rightleftharpoons Na$	−2.71
Ni	$Ni^{2+}+2e^- \rightleftharpoons Ni$	−0.257
	$NiO_2+4H^++2e^- \rightleftharpoons Ni^{2+}+2H_2O$	+1.678
O	$O_2+2H^++2e^- \rightleftharpoons H_2O_2$	+0.695
	$O_2+4H^++4e^- \rightleftharpoons 2H_2O$	+1.229
	$O(g)+2H^++2e^- \rightleftharpoons H_2O$	+2.421
	$O_3+2H^++2e^- \rightleftharpoons O_2+H_2O$	+2.076

续表

元素	电极反应	$\varphi^{\ominus}$/V
P	$P(红)+3H^++3e^- \rightleftharpoons PH_3(g)$	−0.111
	$P(白)+3H^++3e^- \rightleftharpoons PH_3(g)$	−0.063
	$H_3PO_2+H^++3e^- \rightleftharpoons P+2H_2O$	−0.508
	$H_3PO_3+2H^++2e^- \rightleftharpoons H_3PO_2+H_2O$	−0.499
	$H_3PO_3+3H^++3e^- \rightleftharpoons P+3H_2O$	−0.454
	$H_3PO_4+2H^++2e^- \rightleftharpoons H_3PO_3+2H_2O$	−0.276
Pb	$Pb^2+2e^- \rightleftharpoons Pb$	−0.1262
	$PbBr_2+2e^- \rightleftharpoons Pb+2Br^-$	−0.284
	$PbCl_2+2e^- \rightleftharpoons Pb+2Cl^-$	−0.2675
	$PbF_2+2e^- \rightleftharpoons Pb+2F^-$	−0.3444
	$PbHPO_4+2e^- \rightleftharpoons Pb+HPO_4^{2-}$	−0.465
	$PbI_2+2e^- \rightleftharpoons Pb+2I^-$	−0.365
	$PbO_2+4H^++2e^- \rightleftharpoons Pb^{2+}+2H_2O$	+1.455
	$PbO_2+SO_4^{2-}+4H^++2e^- \rightleftharpoons PbSO_4+2H_2O$	+1.6913
	$PbSO_4+2e^- \rightleftharpoons Pb+SO_4^{2-}$	−0.3588
S	$S+2H^++2e^- \rightleftharpoons H_2S(aq)$	+0.142
	$S_2O_6^{2-}+4H^++2e^- \rightleftharpoons 2H_2SO_3$	+0.564
	$S_2O_8^{2-}+2e^- \rightleftharpoons 2SO_4^{2-}$	+2.010
	$S_2O_8^{2-}+2H^++2e^- \rightleftharpoons 2HSO^-{}_4$	+2.123
	$2H_2SO_3+H^++2e^- \rightleftharpoons HS_2O_4^-+2H_2O$	−0.056
	$H_2SO_3+4H^++4e^- \rightleftharpoons S+3H_2O$	+0.449
	$SO_4^{2-}+4H^++2e^- \rightleftharpoons H_2SO_3+H_2O$	+0.172
	$2SO_4^{2-}+4H^++2e^- \rightleftharpoons S_2O_6^{2-}+2H_2O$	−0.22
Sb	$Sb+3H^++3e^- \rightleftharpoons SbH_3$	−0.510
	$Sb_2O_3+6H^++6e^- \rightleftharpoons 2Sb+3H_2O$	+0.152
	$Sb_2O_5+6H^++4e^- \rightleftharpoons 2SbO^++3H_2O$	+0.581
	$SbO^++2H^++3e^- \rightleftharpoons Sb+H_2O$	+0.212
Se	$Se+2H^++2e^- \rightleftharpoons H_2Se(aq)$	−0.399
	$H_2SeO_3+4H^++4e^- \rightleftharpoons Se+3H_2O$	+0.74
	$SeO_4^{2-}+4H^++2e^- \rightleftharpoons H_2SeO_3+H_2O$	+1.151
Si	$SiF_6^{2-}+4e^- \rightleftharpoons Si+6F^-$	−1.24
	$SiO_2(石英)+4H^++4e^- \rightleftharpoons Si+H_2O$	+0.857

续表

元素	电极反应	$\varphi^\ominus$/V
Sn	$Sn^{2+}+2e^- \rightleftharpoons Sn$	−0.1375
	$Sn^{4+}+2e^- \rightleftharpoons Sn^{2+}$	+0.151
Sr	$Sr^{+}+e^- \rightleftharpoons Sr$	−4.10
	$Sr^{2+}+2e^- \rightleftharpoons Sr$	−2.89
	$Sr^{2+}+2e^- \rightleftharpoons Sr(Hg)$	−1.739
Te	$Te+2H^{+}+2e^- \rightleftharpoons H_2Te$	−0.793
	$Te^{4+}+4e^- \rightleftharpoons Te$	+0.568
	$TeO_2+4H^{+}+4e^- \rightleftharpoons Te+2H_2O$	+0.593
	$TeO_4^- +8H^- +7e^- \rightleftharpoons Te+4H_2O$	+0.472
	$H_6TeO_6+2H^{+}+2e^- \rightleftharpoons TeO_2+4H_2O$	+1.02
Ti	$Ti^{2+}+2e^- \rightleftharpoons Ti$	−1.630
	$Ti^{3+}+e^- \rightleftharpoons Ti^{2+}$	−0.368
	$TiO^{2+}+2H^{+}+e^- \rightleftharpoons Ti^{3+}+H_2O$	+0.099
	$TiO_2+4H^{+}+2e^- \rightleftharpoons Ti^{2}+2H_2O$	−0.502
	$TiOH^{3+}+H^{+}+e^- \rightleftharpoons Ti^{3+}+H_2O$	−0.055
V	$V^{2+}+2e^- \rightleftharpoons V$	−1.175
	$V^{3+}+e^- \rightleftharpoons V^{2+}$	−0.255
	$VO^{2+}+2H^{+}+e^- \rightleftharpoons V^{3+}+H_2O$	+0.337
	$VO_2^+ +2H^{+}+e^- \rightleftharpoons VO^{2+}+H_2O$	+0.991
	$V(OH)_4^+ +2H^{+}+e^- \rightleftharpoons VO^{2+}+3H_2O$	+1.00
	$V(OH)_4^+ +4H^{+}+5e^- \rightleftharpoons V+4H_2O$	−0.254
W	$W_2O_5+2H^{+}+2e^- \rightleftharpoons 2WO_2+H_2O$	+0.031
	$WO_2+4H^{+}+4e^- \rightleftharpoons W+2H_2O$	−0.119
	$WO_3+6H^{+}+6e^- \rightleftharpoons W+3H_2O$	−0.090
	$2WO_3+2H^{+}+2e^- \rightleftharpoons W_2O_5+H_2O$	+0.029
Zn	$Zn^{2+}+2e^- \rightleftharpoons Zn$	−0.7618

二、在碱性溶液中

元素	电极反应	$\varphi^\ominus$/V
Ag	$AgCN+e^- \rightleftharpoons Ag+CN^-$	−0.017
	$[Ag(CN)_2]^-+e^- \rightleftharpoons Ag+2CN^-$	−0.31
	$[Ag(NH_3)_2]^++e^- \rightleftharpoons Ag+2NH_3$	+0.373

续表

元素	电极反应	$\varphi^{\ominus}$/V
Ag	$Ag_2O+H_2O+2e^- \rightleftharpoons 2Ag+2OH^-$	+0.342
	$Ag_2O_3+H_2O+2e^- \rightleftharpoons 2AgO+2OH^-$	+0.739
	$2AgO+H_2O+2e^- \rightleftharpoons Ag_2O+2OH^-$	+0.607
	$Ag_2S+2e^- \rightleftharpoons 2Ag+S^{2-}$	−0.691
Al	$H_2AlO_3^- +H_2O+3e^- \rightleftharpoons Al+4OH^-$	−2.33
As	$AsO_2^- +2H_2O+3e^- \rightleftharpoons As+4OH^-$	−0.68
	$AsO_4^{3-} +2H_2O+2e^- \rightleftharpoons AsO^-_2+4OH^-$	−0.71
B	$H_2BO_3^- +5H_2O+8e^- \rightleftharpoons BH^-_4+8OH^-$	−1.24
	$H_2BO_3^- +H_2O+3e^- \rightleftharpoons B+4OH^-$	−1.79
Ba	$Ba(OH)_2+2e^- \rightleftharpoons Ba+2OH^-$	−2.99
Be	$Be_2O_3^{2-} +3H_2O+4e^- \rightleftharpoons 2Be+6OH^-$	−2.63
Bi	$Bi_2O_3+3H_2O+6e^- \rightleftharpoons 2Bi+6OH^-$	−0.46
Br	$BrO^-+H_2O+2e^- \rightleftharpoons Br^-+2OH^-$	+0.761
	$BrO_3^- +3H_2O+6e^- \rightleftharpoons Br^-+6OH^-$	+0.61
Ca	$Ca(OH)_2+2e^- \rightleftharpoons Ca+2OH^-$	−3.02
	$Ca(OH)_2+2e^- \rightleftharpoons Ca(Hg)+2OH^-$	−0.809
Cl	$ClO^-+H_2O+2e^- \rightleftharpoons Cl^-+2OH^-$	+0.81
	$ClO_2^- +H_2O+2e^- \rightleftharpoons ClO^-+2OH^-$	+0.66
	$ClO_2^- +2H_2O+4e^- \rightleftharpoons Cl^-+4OH$	+0.76
	$ClO_2(aq)+e^- \rightleftharpoons ClO^-_2$	+0.954
	$ClO_3^- +H_2O+2e^- \rightleftharpoons ClO_2^- +2OH^-$	+0.33
	$ClO_3^- +3H_2O+6e^- \rightleftharpoons Cl^-+6OH^-$	+0.62
	$ClO_4^- +2H_2O+2e^- \rightleftharpoons ClO_3^- +2OH^-$	+0.36
Co	$[Co(NH_3)_6]^{3+}+e^- \rightleftharpoons [Co(NH_3)_6]^{2+}$	+0.108
	$Co(OH)_2+2e^- \rightleftharpoons Co+2OH^-$	−0.73
	$Co(OH)_3+e^- \rightleftharpoons Co(OH)_2+OH^-$	+0.17
Cr	$CrO_2^- +2H_2O+3e^- \rightleftharpoons Cr+4OH^-$	−0.12
	$CrO_4^{2-} +4H_2O+3e^- \rightleftharpoons Cr(OH)_3+5OH^-$	−0.13
	$Cr(OH)_3+3e^- \rightleftharpoons Cr+3OH^-$	−1.48

续表

元素	电极反应	$\varphi^{\ominus}$/V
Cu	$Cu^{2+}+2CN^-+e^- \rightleftharpoons [Cu(CN)_2]^-$	+1.103
	$[Cu(CN)_3]^-+e^- \rightleftharpoons Cu+2CN^-$	−0.429
	$[Cu(NH_3)_2]^++e^- \rightleftharpoons Cu+2HN_3$	−0.12
	$Cu_2O+H_2O+2e^- \rightleftharpoons 2Cu+2OH^-$	−0.360
	$Cu(OH)_2+2e^- \rightleftharpoons Cu+2OH^-$	+0.222
	$2Cu(OH)_2+2e^- \rightleftharpoons Cu_2O+2OH^-+H_2O$	+0.080
Fe	$[Fe(CN)_6]^{3-}+e^- \rightleftharpoons [Fe(CN)_6]^{4-}$	+0.358
	$Fe(OH)_3+e^- \rightleftharpoons Fe(OH)_2+OH^-$	−0.56
	$Fe(OH)_3+e^- \rightleftharpoons Fe(OH)_2+OH^-$	−0.56
Ga	$H_2GaO_3^-+H_2O+3e^- \rightleftharpoons Ga+4OH^-$	−1.219
H	$2H_2O+2e^- \rightleftharpoons H_2+2OH^-$	−0.8277
Hf	$HfO(OH)_2+H_2O+4e^- \rightleftharpoons Hf+4OH^-$	−2.50
Hg	$Hg_2O+H_2O+2e^- \rightleftharpoons 2Hg+2OH^-$	+0.123
	$HgO+H_2O+2e^- \rightleftharpoons Hg+2OH^-$	+0.0977
I	$H_3IO_3^{2-}+2e^- \rightleftharpoons IO^-_3+3OH^-$	+0.7
	$IO^-+H_2O+2e^- \rightleftharpoons I^-+2OH^-$	+0.485
	$IO_3^-+2H_2O+4e^- \rightleftharpoons IO^-+4OH^-$	+0.56
	$IO^-_3+3H_2O+6e^- \rightleftharpoons I^-+6OH^-$	+0.26
Ir	$Ir_2O_3+3H_2O+6e^- \rightleftharpoons 2Ir+6OH^-$	+0.0928
La	$La(OH)_3+3e^- \rightleftharpoons La+3OH^-$	−2.90
Mg	$Mg(OH)_2+2e^- \rightleftharpoons Mg+2OH^-$	−2.690
Mn	$MnO_4^-+2H_2O+3e^- \rightleftharpoons MnO_2+4OH^-$	+0.595
	$MnO_4^{2-}+2H_2O+2e^- \rightleftharpoons MnO_2+4OH^-$	+0.60
	$Mn(OH)_2+2e^- \rightleftharpoons Mn+2OH^-$	−1.56
	$Mn(OH)_3+e^- \rightleftharpoons Mn(OH)_2+OH^-$	+0.15
N	$2NO+H_2O+2e^- \rightleftharpoons N_2O+2OH^-$	+0.76
	$NO_2^-+H_2O+e^- \rightleftharpoons NO+2OH^-$	−0.46
	$2NO_2^-+2H_2O+4e^- \rightleftharpoons N_2^{2-}+4OH^-$	−0.18
	$2NO_2^{-2}+3H_2O+4e^- \rightleftharpoons N_2O+6OH^-$	+0.15
	$NO_3^-+H_2O+2e^- \rightleftharpoons NO^-_2+2OH^-$	+0.01

续表

元素	电极反应	$\varphi^{\ominus}$/V
N	$2NO_3^- + 2H_2O + 2e^- \rightleftharpoons N_2O_4 + 4OH^-$	−0.85
Ni	$Ni(OH)_2 + 2e^- \rightleftharpoons Ni + 2OH^-$	−0.72
	$NiO_2 + 2H_2O + 2e^- \rightleftharpoons Ni(OH)_2 + 2OH^-$	−0.490
O	$O_2 + H_2O + 2e^- \rightleftharpoons HO^-_2 + OH^-$	−0.076
	$O_2 + 2H_2O + 2e^- \rightleftharpoons H_2O_2 + 2OH^-$	−0.146
	$O_2 + 2H_2O + 4e^- \rightleftharpoons 4OH^-$	+0.401
	$O_3 + H_2O + 2e^- \rightleftharpoons O_2 + 2OH^-$	+1.24
	$OH + e^- \rightleftharpoons OH^-$	+2.02
	$HO_2^- + H_2O + 2e^- \rightleftharpoons 3OH^-$	+0.878
P	$P + 3H_2O + 3e^- \rightleftharpoons PH_3(g) + 3OH^-$	−0.87
	$H_2PO^-_2 + e^- \rightleftharpoons P + 2OH^-$	−1.82
	$HPO_3^{2-} + 2H_2O + 2e^- \rightleftharpoons H_2PO_2^- + 3OH^-$	−1.65
	$HPO_3^{2-} + 2H_2O + 3e^- \rightleftharpoons P + 5OH^-$	−1.71
	$PO_4^{3-} + 2H_2O + 2e^- \rightleftharpoons HPO_3^{2-} + 3OH^-$	−1.05
Pb	$PbO + H_2O + 2e^- \rightleftharpoons Pb + 2OH^-$	−0.580
	$HPbO_2^- + H_2O + 2e^- \rightleftharpoons Pb + 3OH^-$	−0.537
	$PbO_2 + H_2O + 2e^- \rightleftharpoons PbO + 2OH^-$	+0.247
S	$S + 2e^- \rightleftharpoons S^{2-}$	−0.476 27
	$S + H_2O + 2e^- \rightleftharpoons HS^- + OH^-$	−0.478
	$2S + 2e^- \rightleftharpoons S^{2-}_2$	−0.428 36
	$S_4O_6^{2-} + 2e^- \rightleftharpoons 2S_2O_3^{2-}$	+0.08
	$2SO_3^{2-} + 2H_2O + 2e^- \rightleftharpoons S_2O_4^{2-} + 4OH^-$	−1.12
	$2SO_3^{2-} + 3H_2O + 4e^- \rightleftharpoons 2SO_3^{2-} + 6OH^-$	−0.571
	$SO_4^{2-} + H_2O + 2e^- \rightleftharpoons SO_3^{2-} + 2OH^-$	−0.93
Sb	$SbO_2^- + 2H_2O + 3e^- \rightleftharpoons Sb + 4OH^-$	−0.66
	$SbO_3^- + H_2O + 2e^- \rightleftharpoons SbO_2^- + 2OH^-$	−0.59
Se	$Se + 2e^- \rightleftharpoons Se^{2-}$	−0.924
	$SeO_3^{2-} + 3H_2O + 4e^- \rightleftharpoons Se + 6OH^-$	−0.366
	$SeO_4^{2-} + H_2O + 2e^- \rightleftharpoons SeO_3^{2-} + 2OH^-$	+0.05

续表

元素	电极反应	$\varphi^{\ominus}$/V
Si	$Si_3^{2-}+3H_2O+4e^- \rightleftharpoons Si+6OH^-$	−1.697
Sn	$HSnO_2^-+H_2O+2e^- \rightleftharpoons Sn+3OH^-$	−0.909
	$Sn(OH)_3^{2-}+2e^- \rightleftharpoons HSnO_2^-+3OH^-+H_2O$	−0.93
Sr	$Sr(OH)_2+2e^- \rightleftharpoons Sr+2OH^-$	−2.88
Te	$Te+2e^- \rightleftharpoons Te^{2-}$	−1.143
	$TeO_3^{2-}+3H_2O+4e^- \rightleftharpoons Te+6OH^-$	−0.57
Zn	$[Zn(CN)_4]^{2-}+2e^- \rightleftharpoons Zn+4CN^-$	−1.26
	$[Zn(NH_3)_4]^{2+}+2e^- \rightleftharpoons Zn+4NH_3(aq)$	−1.04
	$ZnO_3^{2-}+2H_2O+2e^- \rightleftharpoons Zn+4OH^-$	−1.215

资料来源：Weast R C.1987-1988. CRC Handbook of Chemistry and Physics. 68th ed.Florida：CRC Press Inc.

附录 6　常见配离子的稳定常数 $K_f^{\ominus}$

配离子	$K_f^{\ominus}$	配离子	$K_f^{\ominus}$
$[Ag(CN)_2]^-$	1.3×10^{21}	$[Fe(CN)_6]^{4-}$	1.0×10^{35}
$[Ag(NH_3)_2]^+$	1.1×10^{7}	$[Fe(CN)_6]^{3-}$	1.0×10^{42}
$[Ag(SCN)_2]^-$	3.7×10^{7}	$[Fe(C_2O_4)_3]^{3-}$	2×10^{20}
$[Ag(S_2O_3)_2]^{3-}$	2.9×10^{13}	$Fe(NSC)^{2+}$	2.2×10^{3}
$[Al(C_2O_4)_3]^{3-}$	2.0×10^{16}	FeF_3	1.13×10^{12}
$[AlF_6]^{3-}$	6.9×10^{19}	$[HgCl_4]^{2-}$	1.2×10^{15}
$[Cd(CN)_4]^{2-}$	6.0×10^{18}	$[Hg(CN)_4]^{2-}$	2.5×10^{41}
$[CdCl_4]^{2-}$	6.0×10^{2}	$[HgI_4]^{2-}$	6.8×10^{29}
$[Cd(NH_3)_4]^{2+}$	1.3×10^{7}	$[Hg(NH_3)_4]^{2+}$	1.9×10^{19}
$[Cd(SCN)_4]^{2-}$	4.0×10^{3}	$[Ni(CN)_4]^{2-}$	2.0×10^{31}
$[Co(NH_3)_6]^{2+}$	1.3×10^{5}	$[Ni(NH_3)_4]^{2+}$	9.1×10^{7}
$[Co(NH_3)_6]^{3+}$	2.0×10^{35}	$[Pb(CH_3COO)_4]^{2-}$	3×10^{8}
$[Cu(NSC)_4]^{2-}$	1.0×10^{3}	$[Pb(CN)_4]^{2+}$	1.0×10^{11}
$[Cu(CN)_2]^-$	1.0×10^{24}	$[Zn(CN)_4]^{2-}$	5.0×10^{16}
$[Cu(CN)_4]^{3-}$	2.0×10^{30}	$[Zn(C_2O_4)_3]^{3-}$	4.0×10^{7}
$[Cu(NH_3)_2]^+$	7.2×10^{10}	$[Zn(OH)_4]^{2-}$	4.6×10^{17}
$[Cu(NH_3)_4]^{2+}$	2.1×10^{13}	$[Zn(NH_3)_4]^{2+}$	2.9×10^{9}
$FeCl_3$	98		

资料来源：Dean J A. 1985. Lange's Handbook of Chemistry. 13th ed.New York：McGraw-Hill，71-91。

附录 7　常见化合物的相对分子质量

化合物	相对分子质量	化合物	相对分子质量	化合物	相对分子质量
Ag_3AsO_4	462.52	$CaSO_4$	136.14	Fe_2O_3	159.69
$AgBr$	187.77	$CdCO_3$	172.42	Fe_3O_4	231.53
$AgCl$	143.32	$CdCl_2$	183.32	$Fe(OH)_3$	106.87
$AgCN$	133.89	CdS	144.48	FeS	87.91
$AgSCN$	165.95	CuI	190.45	Fe_2S_3	207.87
Ag_2CrO_4	331.73	$Cu(NO_3)_2$	187.56	$FeSO_4 \cdot 7H_2O$	278.01
AgI	234.77	CuO	79.55	$Fe_2(SO_4)_3$	399.88
$AgNO_3$	169.87	Cu_2O	143.09	$FeSO_4 \cdot (NH_4)_2SO_4 \cdot 6H_2O$	392.13
$AlCl_3$	133.34	CuS	95.61	H_2O	18.02
Al_2O_3	101.96	$CuSO_4$	159.61	H_2O_2	34.02
$Al(OH)_3$	78.00	$Ce(SO_4)_2$	332.24	H_3PO_4	98.00
$Al_2(SO_4)_3$	342.15	CH_3COOH	60.05	H_2S	34.08
As_2O_3	197.84	CH_3COONa	82.03	H_2SO_3	82.08
As_2O_5	229.84	CH_3COONH_4	77.08	H_2SO_4	98.08
As_2S_3	246.04	C_6H_5COOH	122.12	$Hg(CN)_2$	252.63
$BaCO_3$	197.34	C_6H_5COONa	144.11	$HgCl_2$	271.50
BaC_2O_4	225.35	CCl_4	153.82	Hg_2Cl_2	472.09
$BaCl_2$	208.24	$CoCl_2$	129.84	HgI_2	454.40
$BaCrO_4$	253.32	$Co(NO_3)_2$	182.94	$Hg_2(NO_3)_2$	525.19
BaO	153.33	CoS	91.00	$Hg(NO_3)_2$	324.60
$Ba(OH)_2$	171.34	$CoSO_4 \cdot 7H_2O$	281.10	HgO	216.59
$BaSO_4$	233.39	$CO(NH_2)_2$	60.06	HgS	232.66
$BiCl_3$	315.34	$CrCl_3$	158.35	H_3AsO_3	125.94
$BiOCl$	260.43	$Cr(NO_3)_3$	238.01	H_3AsO_4	141.94
CO_2	44.01	Cr_2O_3	151.99	H_3BO_3	61.83
CaO	56.08	$CuCl$	99.00	HBr	80.91
$CaCl_2$	111.00	$CuCl_2$	134.45	HCN	27.03
$CaCO_3$	100.09	$CuSCN$	121.63	$HCOOH$	46.03
CaC_2O_4	128.10	$FeCl_2$	126.75	H_2CO_3	62.02
$Ca(NO_3)_2$	164.09	$FeCl_3$	162.20	$H_2C_2O_4$	90.04
$Ca(OH)_2$	74.09	$Fe(NO_3)_3$	241.86	$H_2C_2O_4 \cdot 2H_2O$	126.07
$Ca_3(PO_4)_2$	310.18	FeO	71.84	$H_2C_4H_4O_6$(酒石酸)	150.09

续表

化合物	相对分子质量	化合物	相对分子质量	化合物	相对分子质量
HCl	36.46	$KHC_8H_4O_4$(KHP)	204.22	Na_2SO_3	126.04
$HClO_4$	100.46	$KHSO_4$	136.17	$Na_2S_2O_3$	158.11
HF	20.01	KI	166.00	Na_2SO_4	142.04
HI	127.91	$MgCO_3$	84.31	$NiCl_2 \cdot 6H_2O$	237.69
HIO_3	175.91	$MgCl_2$	95.21	NiO	74.69
HNO_3	63.01	MgC_2O_4	112.33	$Ni(NO_3)_2 \cdot 6H_2O$	290.79
HNO_2	47.01	$Mg(NO_3)_2 \cdot 6H_2O$	256.41	NiS	90.77
$HgSO_4$	296.65	$MgNH_4PO_4$	137.82	$NiSO_4 \cdot 7H_2O$	280.86
Hg_2SO_4	497.24	MgO	40.30	NO	30.01
KIO_3	214.00	$Mg(OH)_2$	58.32	NO_2	46.01
$KIO_3 \cdot HIO_3$	389.91	$Mg_2P_2O_7 \cdot 3H_2O$	276.60	NH_3	17.03
$KMnO_4$	158.03	$MgSO_4 \cdot 7H_2O$	246.48	$NH_3 \cdot H_2O$	35.05
KNO_3	101.10	$MnCO_3$	114.95	NH_4Cl	53.49
KNO_2	85.10	$MnCl_2 \cdot 4H_2O$	197.90	$(NH_4)_2CO_3$	96.09
K_2O	94.20	$Mn(NO_3)_2 \cdot 6H_2O$	287.04	$(NH_4)_2C_2O_4$	124.10
KOH	56.10	MnO	70.94	$NH_4Fe(SO_4)_2 \cdot 12H_2O$	482.19
K_2SO_4	174.26	MnO_2	86.94	NH_4SCN	76.12
$KAl(SO_4)_2 \cdot 12H_2O$	474.39	MnS	87.00	NH_4HCO_3	79.06
KBr	119.00	$MnSO_4$	151.00	$(NH_4)_2MoO_4$	196.04
$KBrO_3$	167.00	NH_4NO_3	80.04	$Na_2CO_3 \cdot 10H_2O$	286.14
KCl	74.55	$(NH_4)_2HPO_4$	132.06	$Na_2C_2O_4$	134.00
$KClO_3$	122.55	$(NH_4)_2S$	68.14	$NaCl$	58.44
$KClO_4$	138.55	$(NH_4)_2SO_4$	132.14	$NaClO$	74.44
KCN	65.12	Na_3AsO_3	191.89	NaF	41.99
$KSCN$	97.18	$Na_2B_4O_7$	201.22	$NaHCO_3$	84.01
K_2CO_3	138.21	$Na_2B_4O_7 \cdot 10H_2O$	381.37	Na_2HPO_4	141.96
K_2CrO_4	194.19	$NaBiO_3$	279.97	NaH_2PO_4	120.00
$K_2Cr_2O_7$	294.18	$NaBr$	102.89	$Na_2H_2Y \cdot 2H_2O$	372.24
$K_3Fe(CN)_6$	329.25	$NaCN$	49.01	NaI	149.89
$K_4Fe(CN)_6$	368.35	$NaSCN$	81.07	$NaNO_2$	69.00
$KHC_2O_4 \cdot H_2O$	146.14	Na_2CO_3	105.99	$NaNO_3$	85.00
$KHC_2O_4 \cdot H_2C_2O_4 \cdot 2H_2O$	254.20	Na_3PO_4	163.94	Na_2O	61.98
$KHC_4H_4O_6$	188.18	Na_2S	78.05	Na_2O_2	77.98

续表

化合物	相对分子质量	化合物	相对分子质量	化合物	相对分子质量
$NaOH$	40.00	$SbCl_3$	228.12	$SrCrO_4$	203.61
P_2O_5	141.91	$SbCl_5$	299.02	$Sr(NO_3)_2$	211.63
$PbCO_3$	267.20	Sb_2O_3	291.52	$SrSO_4$	183.68
PbC_2O_4	295.22	Sb_2S_3	339.72	$UO_2(CH_3COO)_2 \cdot 2H_2O$	422.13
$PbCl_2$	278.10	SiF_4	104.08	WO_3	231.84
$PbCrO_4$	323.20	SiO_2	60.08	$ZnCO_3$	125.40
$Pb(CH_3COO)_2$	325.30	$SnCO_3$	178.82	$ZnCl_2$	136.29
$Pb(CH_3COO)_2 \cdot 3H_2O$	427.30	$SnCl_2$	189.62	$Zn(CH_3COO)_2$	183.48
PbI_2	461.00	$SnCl_4$	260.52	$Zn(NO_3)_2$	189.40
$Pb(NO_3)_2$	331.20	SnO_2	150.71	ZnO	81.39
PbO	223.20	SnS	150.78	ZnS	97.46
PbO_2	239.20	$SrCO_3$	147.63	$ZnSO_4$	161.45
$Pb_3(PO_4)_2$	811.54	SO_3	80.06		
PbS	239.30	SO_2	64.06		
$PbSO_4$	303.27	SrC_2O_4	175.64		